职业教育建筑类专业"互联网+"创新教材

装配式建筑工程量清单编制

杨建林　王慧萍　陈　良　编著
　　　　陈　倩　主审

机械工业出版社

本书是工作手册式教材，共 16 个任务，每个任务均包括任务背景、任务目标、任务实施、知识链接和学习评价。本书以《房屋建筑与装饰工程工程量计算规范》（GB 50854—2013）为依据，选择其中常用内容作为任务对象；同时，依据江苏省住房和城乡建设厅关于印发《江苏省装配式混凝土建筑工程定额》的通知（苏建价〔2017〕83 号），针对装配式混凝土建筑工程量清单的编制进行操作训练和介绍，以满足常见房屋建筑与装饰工程工程量清单编制的学习和岗位实操的需要。每个任务的任务实施部分，针对学习难点进行分析，列出任务训练所需要的条件与准备，提出操作时间安排建议和任务实操训练的具体内容，方便学生"做中学"，教师"做中教"，充分体现教、学、做一体化的职教特色。

本书可作为职业院校工程造价、建设工程管理、建筑工程技术等相关专业的教材，也可供造价员、施工员及工程技术管理人员参考。

图书在版编目（CIP）数据

装配式建筑工程量清单编制/杨建林，王慧萍，陈良编著． —北京：机械工业出版社，2022.10

职业教育建筑类专业"互联网＋"创新教材

ISBN 978-7-111-71846-8

Ⅰ．①装… Ⅱ．①杨… ②王… ③陈… Ⅲ．①装配式混凝土结构－建筑工程－工程造价－职业教育－教材 Ⅳ．①TU723.3

中国版本图书馆 CIP 数据核字（2022）第 194711 号

机械工业出版社（北京市百万庄大街 22 号 邮政编码 100037）
策划编辑：王莹莹　　　　　　责任编辑：高凤春
责任校对：张　征　李　杉　责任印制：李　昂
北京中科印刷有限公司印刷
2023 年 2 月第 1 版第 1 次印刷
184mm×260mm·16.5 印张·407 千字
标准书号：ISBN 978-7-111-71846-8
定价：52.00 元

电话服务　　　　　　　　　网络服务
客服电话：010-88361066　　机　工　官　网：www.cmpbook.com
　　　　　010-88379833　　机　工　官　博：weibo.com/cmp1952
　　　　　010-68326294　　金　书　网：www.golden-book.com
封底无防伪标均为盗版　　　机工教育服务网：www.cmpedu.com

前　言

"装配式建筑工程量清单编制"是高等职业教育工程造价专业的一门专业核心课程。该课程与"建筑与装饰材料""建筑制图""识读建筑施工图""识读结构施工图""建筑施工技术""建筑工程测量"等专业前导课程关联密切。正确编制和使用房屋建筑与装饰工程的工程量清单离不开房屋建筑施工图、结构施工图的综合应用，离不开对房屋建造过程中各分部分项工程施工方案、各工种施工工序的全面理解。该课程也是工程造价专业后续核心专业课程"装配式建筑工程量清单计价""工程造价软件应用""工程造价确定与控制"等的重要基础课程。准确地分析清单项目的工作内容、项目特征，对于投标报价中的计价有着极为重要的影响。在软件算量和计价过程中，需对软件应用进行主动、及时的干预，作为软件使用者，有"精度"的手工算量及清单编制是软件应用中有效干预的前提。在项目的投资控制和施工的成本控制过程中，招标的工程量清单是进行控制的原始参照，是发承包双方共同确认的合同基础。

为适应装配式建筑的推广发展，在《房屋建筑与装饰工程工程量清单编制》（机械工业出版社，2015年9月第1版）的基础上，结合工作过程导向课程教学改革的需要，编制了本书。

本书主要参考的规范有《建设工程工程量计价规范》（GB 50500—2013）、《房屋建筑与装饰工程工程量计算规范》（GB 50854—2013）、《建筑工程建筑面积计算规范》（GB/T 50353—2013）等。遵循高等职业教育人才培养的内在规律，编写团队将规范与工程案例相结合，将技能培养与"客观、公正、专注、精益、敬业"等造价从业人员的素养培养相结合，期望本书更好地服务于行业企业新时代的用人需求。

在融入规范内容的同时，编写团队研究了"1+X"工程造价数字化应用技能等级考核评价标准中对工程量清单编制知识、技能、素质的要求，体现"教学内容与技能等级评价标准对接"的要求；将典型装配式建筑工程项目融于每个任务，充分体现了"教学过程与工作过程对接"的职业教育的课程改革要求。每一个教学项目的编写，都着力体现"教学做一体，以学生为主体"的职业教育改革思想，结合课程特点，通过"规范依据"的"教"、"典型实例"的"学"和"典型训练"的"做"让读者在实例的剖析中自主学习、在操作训练中有效学习。

本书是江苏城乡建设职业学院工程造价省级高水平专业群立项建设项目，项目编号

ZJQT21002314。本书任务1~任务6由杨建林编写；任务7~任务13由王慧萍编写；任务14~任务16由陈良编写；江苏城建校工程咨询有限公司研究员高级工程师陈倩担任主审。

本书编写过程中，得到了季爽、肖志伟、周李杰、石云、皇甫小松、姚志军、陈浩、赵益、李婧、黄琳娜、郑笑、柴惠玲、张叶、朱宇颉、刘佳伟等的大力帮助，在此一并表示诚挚的谢意！

限于编者的水平与经验，书中难免有不妥之处，敬请读者批评指正。

编　者

二维码清单

序号	名称	图形	序号	名称	图形
1	1.5 招标工程量清单的组成及编制依据		10	4.3 【实例1】预制桩工程量清单编制	
2	某模具车间二项目一层建筑平面图		11	4.3 【实例2】灌注桩工程量清单编制	
3	某模具车间二桩基施工图01-桩平面布置图		12	某工程1#楼建筑施工图02-一层平面图	
4	某模具车间二桩基施工图02-桩承台平面布置图		13	5.1 编制砖基础工程量清单	
5	2.1-1 【拓展实例】编制挖基坑土方、沟槽土方工程量清单		14	5.6 【实例1】基础垫层、砖基础的工程量清单编制	
6	2.1-2 【拓展实例】编制挖一般土方清单		15	5.6 【实例2】砌块墙的分部分项工程量清单编制	
7	2.3 土方工程量清单编制实例		16	6.1.3 【实例1】某混凝土带形基础清单编制	
8	3.3 【实例1】地基处理清单编制		17	6.1.3 【实例2】某混凝土独立基础清单编制	
9	3.3 【实例2】边坡支护清单编制		18	6.2.1 编制框架结构的柱、梁、板混凝土工程量清单	

（续）

序号	名称	图形	序号	名称	图形
19	6.2.5 【实例1】钢筋混凝土框架清单编制		29	8.11 【实例】门窗工程清单编制	
20	6.2.5 【实例2】钢筋混凝土有梁板清单编制		30	某工程1#楼建筑施工图09-屋顶层平面图	
21	6.2.5 【实例3】钢筋混凝土雨篷清单编制实例		31	某工程1#楼建筑施工图12-1-1、2-2剖面图	
22	6.2.5 【拓展实例1】柱及墙体清单编制		32	某工程1#楼建筑施工图17-建筑构造做法表	
23	6.2.5 【拓展实例2】柱、矩形梁、有梁板清单编制		33	9.1 编制瓦屋面工程量清单	
24	某工程1#结构施工图29-楼梯详图		34	9.5 【实例】屋面卷材防水等工程量清单编制	
25	某项目的GJ-1（1a）详图		35	10.4 【实例1】屋面保温工程的工程量清单编制	
26	7.11 【实例1】格构式钢柱清单编制		36	10.4 【实例2】外墙外保温的分部分项工程量清单编制	
27	7.11 【实例2】方木屋架清单编制		37	11.8 【实例1】室内地面大理石贴面、踢脚线的工程量清单编制	
28	某工程1#楼建筑施工图14-门窗表		38	11.8 【实例2】石材台阶面工程量清单编制	

（续）

序号	名称	图形	序号	名称	图形
39	12.10 【实例1】墙面一般抹灰、墙面装饰板工程量清单编制		47	1号房屋装配式结构深化04-二层预制叠合楼板平面布置图	
40	12.10 【实例2】块料墙面、块料柱面工程量清单编制		48	14.1.3 【实例】叠合板工程量清单编制实例	
41	12.10 【拓展实例】内墙面抹灰清单编制		49	14.2.3 【实例】装配式内隔墙板工程量清单编制	
42	13.14 【实例1】天棚抹灰工程量清单编制		50	1号房屋装配式结构深化06-1号装配楼梯详图	
43	13.14 【实例2】吊顶天棚工程量清单编制		51	14.3.3 【实例】装配式预制楼梯工程量清单编制	
44	13.14 【实例3】地面、墙面、天棚等项目的工程量清单编制		52	15.3 【实例1】混凝土模板工程量清单编制实例	
45	某工程1#结构施工图 22-二层梁配筋图		53	15.3 【拓展实例】有梁板的模板工程量清单编制	
46	某工程1#结构施工图 03-地下室顶板至3.040m标高间墙、柱平面布置图		54	16.3 【实例12】建筑面积的计算	

目 录

前言
二维码清单

任务 1　初识房屋建筑工程量清单编制 / 1

任务 2　编制土石方工程量清单 / 14

任务 3　编制地基处理和基坑支护工程量
　　　　清单 / 26

任务 4　编制桩基工程量清单 / 41

任务 5　编制砌筑工程量清单 / 53

任务 6　编制混凝土及钢筋混凝土工程量
　　　　清单 / 68

任务 7　编制金属结构、木结构工程量清单 / 103

任务 8　编制门窗工程量清单 / 118

任务 9　编制屋面及防水工程量清单 / 133

任务 10　编制保温、隔热、防腐工程量清单 / 144

任务 11　编制楼地面装饰工程量清单 / 155

任务 12　编制墙、柱面装饰工程及隔断工程量
　　　　 清单 / 169

任务 13　编制天棚工程、油漆、涂料、裱糊及其
　　　　 他装饰工程量清单 / 184

任务 14　编制装配式混凝土结构工程量清单 ／ 204

任务 15　编制措施项目工程量清单 ／ 225

任务 16　计算建筑面积 ／ 240

参考文献 ／ 254

任务 1

初识房屋建筑工程量清单编制

【任务背景】

建筑工程项目从项目的全寿命周期看，通常包括决策、实施和使用三大阶段。工程量清单的编制和使用是工程项目实施阶段的一项重要内容，它是业主方（投资方或开发方）进行投资控制和施工方进行成本管理的基础。

项目实施阶段具体又可细分为设计、发承包（招标投标）、合同签订及合同实施（施工及交付）等阶段。工程量清单是工程发包时招标文件的主要内容，也是工程投标时投标报价的主要依据。

建设工程发承包及实施阶段的计价活动包括工程量清单编制、招标控制价编制、投标报价编制、工程合同价款的约定、工程施工过程中工程计量与合同价款的支付、索赔与现场签证、合同价款的调整、竣工结算的办理和合同价款争议的解决以及工程造价鉴定等活动。计量和计价活动涵盖了工程建设发承包以及施工阶段的整个过程，在这一过程中，招标工程量清单是项目管理的基础。

本任务将学习房屋建筑工程量清单的编制内容及编制依据，理解房屋建筑工程招标工程量清单的项目组成。

【任务目标】

1. 能正确描述单位工程、分部分项工程的划分结果。
2. 能正确陈述工程造价的组成。
3. 能准确陈述招标工程量清单的组成及编制依据。
4. 培养一分耕耘一分收获的正确劳动观。
5. 培养良好的专业知识沟通与表达能力。

【任务实施】

认识房屋建筑工程造价的组成等工作任务。

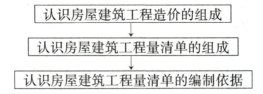

1. 分析学习难点
1）理解招标工程量清单的组成内容。
2）掌握工程量清单的五大要素及编制要求。
2. 条件需求与准备
1）《建设工程工程量清单计价规范》（GB 50500—2013）。
2）《房屋建筑与装饰工程工程量计算规范》（GB 50854—2013）。

3）其他相关的规范图集。

3. 操作时间安排
共计 4 课时，其中任务实操 2 课时，理论学习 2 课时。

4. 任务实操训练

情境训练 1：分部分项工程量清单的 5 个要素及编制要求

（1）背景资料　某工程直形楼梯分项工程的招标工程量清单见表 1-1。

表 1-1　某工程直形楼梯分项工程的招标工程量清单

序号	项目编码	项目名称	项目特征描述	计量单位	工程量	金额（元）	
						综合单价	合价
1	010506001001	直形楼梯	1. 混凝土种类：泵送商品混凝土 2. 混凝土强度等级：C30	m^3	10.5		

（2）问题　根据以上背景资料及《建设工程工程量清单计价规范》(GB 50500—2013)、《房屋建筑与装饰工程工程量计算规范》(GB 50854—2013)，指出分部分项工程量清单的 5 个要素并说明各要素的编制要求。

（3）分析

1）5 个要素是：

2）各要素的编制要求是：

情境训练 2：措施项目的组成

（1）背景资料　某框架结构房屋，7 层，总高度 24m，一层基底面积 985m^2，房屋总的建筑面积为 7000m^2，其招标工程量清单中的措施项目清单（部分）见表 1-2。

表 1-2　措施项目清单（部分）

序号	项目编码	项目名称	项目特征描述	计量单位	工程量	金额（元）	
						综合单价	合价
			0117　措施项目				
1	011706002001	施工排水	1. QDX1.5-4-0.08 塑料潜水泵 2. 排水管规格：102mm	昼夜	56		
2	011704001001	塔式起重机	框架结构，檐口高度 24m，7 层	天	315		

（2）问题　根据以上背景资料及《建设工程工程量清单计价规范》GB 50500—2013《房屋建筑与装饰工程工程量计算规范》GB 50854—2013，说明该工程中除去表 1-2 的措施项目

外,通常还有哪些单价措施项目(可以计算出工程量的措施项目)(列出不少于2项)?和哪些总价措施项目(不可以计算出工程量的措施项目)(列出不少于3项)?

(3) 分析

1) 通常还有以下单价措施项目:

2) 通常还有以下总价措施项目:

【知识链接】

1.1 工程量的定义及作用

1. 定义

工程量是指以物理计量单位或自然计量单位所表示的分部分项工程项目和措施项目的实物数量。

物理计量单位是指以米制度量表示的长度、面积、体积和质量等单位。自然计量单位是指以建筑成品表现在自然状态下的简单点数所表示的根、樘、个、块等单位。

2. 作用

工程量是确定建筑安装工程造价的重要依据;是承包方生产经营管理的重要依据;是发包方管理工程建设的重要依据。

1.2 分部分项工程

为了便于工程量的计量和计价,需对工程进行必要的分解。建设项目、单项工程、单位工程、分部工程、分项工程是常见的由粗到细的分解方式。

1. 分部工程

分部工程是单位工程的组成部分,是按结构部位、路段长度及施工特点或施工任务将单位工程划分为若干分部的工程。土建单位工程中一般分解为基础工程、主体工程、屋面及防水工程以及装饰装修工程等四大分部工程。

2. 分项工程

分项工程是分部工程的组成部分,是按不同施工方法、材料、工序及路段长度等将分部工程划分为若干个分项或项目的工程。如钢筋混凝土框架结构按不同材料分成钢筋、混凝土、模板等分项工程。

1.3 工程量清单

1. 工程量清单的定义

工程量清单是载明建设工程分部分项工程项目、措施项目、其他项目的名称和相应数量以及规费、税金项目等内容的明细清单。在建设工程发承包及实施过程的不同阶段，相应的工程量清单又可分别称为"招标工程量清单""已标价工程量清单"等。

招标工程量清单是招标人依据国家标准、招标文件、设计文件以及施工现场实际情况编制的，随招标文件发布供投标人投标报价的工程量清单，包括其说明和表格。

已标价工程量清单是指构成合同文件组成部分的投标文件中已标明价格，经算术性错误修正（如有）且承包人已确认的工程量清单，包括其说明和表格。

2. 工程量清单的作用

招标工程量清单是工程量清单计价的基础，是编制招标控制价、投标报价、计算或调整工程量、索赔等的重要依据。

3. 招标工程量清单的编制

招标人是进行工程建设的主要责任主体，其责任包括编制工程量清单。若招标人不具备编制工程量清单的能力，可委托工程造价咨询人编制。

4. 招标工程量清单准确性、完整性的责任主体

招标工程量清单作为招标文件的组成部分，其准确性和完整性应由招标人负责。

采用工程量清单方式招标发包，工程量清单必须作为招标文件的组成部分。招标人应将工程量清单连同招标文件的其他内容一并发（或发售）给投标人。招标人对编制的工程量清单的准确性和完整性负责。投标人依据工程量清单进行投标报价，对工程量清单不负有核实的义务，更不具有修改和调整的权力。对编制质量的责任规定明确、责任具体。工程量清单作为投标人报价的共同基础，其准确性——工程量不算错，其完整性——清单不缺项漏项，均应由招标人负责。

如招标人委托工程造价咨询人编制招标工程量清单，其责任仍应由招标人承担。因为，中标人与招标人签订工程施工合同后，在履约过程中发现工程量清单漏项或错算，引起合同价款调整的，应由发包人（招标人）承担，而非其他编制人承担，所以规定仍由招标人负责。至于因为工程造价咨询人的错误导致损失时，其应承担的责任，则应由招标人与工程造价咨询人通过合同约定处理或协商解决。

名词链接

发包人：具有工程发包主体资格和支付工程价款能力的当事人以及取得该当事人资格的合法继承人，有时又称招标人。

承包人：被发包人接受的具有工程施工承包主体资格的当事人以及取得该当事人资格的合法继承人，有时又称中标人。

工程造价咨询人：取得工程造价咨询资质等级证书，接受委托从事建设工程造价咨询活动的当事人以及取得该当事人资格的合法继承人。

造价工程师：通过职业资格考试取得中华人民共和国造价工程师职业资格证书，并经注册后从事建设工程造价工作的专业技术人员。

延伸阅读——造价工程师

造价工程师分为一级造价工程师和二级造价工程师。造价工程师在执业工作中，必须遵纪守法，恪守职业道德和从业规范，诚信执业，主动接受有关主管部门的监督检查，加强行业自律。

一级造价工程师的执业范围包括建设项目全过程的工程造价管理与咨询等，具体工作内容：项目建议书、可行性研究投资估算与审核、项目评价造价分析；建设工程设计概算、施工预算编制和审核；建设工程招标投标文件工程量和造价的编制与审核；建设工程合同价款、结算价款、竣工决算价款的编制与管理；建设工程审计、仲裁、诉讼、保险中的造价鉴定，工程造价纠纷调解；建设工程计价依据、造价指标的编制与管理；与工程造价管理有关的其他事项。

二级造价工程师主要协助一级造价工程师开展相关工作，可独立开展以下具体工作：建设工程工料分析、计划、组织与成本管理，施工图预算、设计概算编制；建设工程量清单、最高投标限价、投标报价的编制；建设工程合同价款、结算价款和竣工决算价款的编制。

5. 工程量清单的构成

（1）项目编码　工程量清单中的"项目编码"栏应按相关工程国家计量规范项目编码栏内规定的 9 位数字另加 3 位顺序码共 12 位数字填写。各位数字的含义：一、二位为专业工程代码（其中 01 为房屋建筑与装饰工程，02 为仿古建筑工程，03 为通用安装工程，04 为市政工程，05 为园林绿化工程等）；三、四位为附录分类顺序码；五、六位为分部工程顺序码；七、八、九位为分项工程项目名称顺序码；十至十二位为清单项目名称顺序码。

当同一标段（或合同段）的一份工程量清单中含有多个单位工程且工程量清单是以单位工程为编制对象时，在编制工程量清单时应特别注意对项目编码十至十二位的设置不得有重码。

例如，一个标段（或合同段）的工程量清单中含有三个单位工程，每一个单位工程中都有项目特征相同的实心砖墙砌体，在工程量清单中又需反映三个不同单位工程的实心砖墙砌体的工程量时，则第一个单位工程的实心砖墙砌体的项目编码应为 010401003001，第二个单位工程的实心砖墙砌体的项目编码应为 010401003002，第三个单位工程的实心砖墙砌体的项目编码应为 010401003003，并分别列出各单位工程实心砖墙的工程量。

编制工程量清单出现规范中未包括的项目时，编制人应作补充，并报省级或行业工程造价管理机构备案。补充项目编码由规范的代码（01 为房屋建筑与装饰工程）与 B 和三位阿拉伯数字组成，并应从××B001 起顺序编列，如 01B001 成品 GRC 隔墙。

（2）项目名称　分部分项工程项目名称的设置或划分一般以形成工程实体为原则进行命名，所谓实体是指形成生产或工艺作用的主要实体部分，如基础、柱、梁、墙、板、屋面防水、墙地面装饰装修等。

清单编制时项目名称的填写存在两种情况：一是完全按照规范的项目名称不变；二是根据工程实际在计价规范项目名称下另定详细名称。例如，规范中有的项目名称包含的范围很小,此时可直接使用,如 010101003 挖沟槽土方;有的名称包含范围较宽,这时采用具体名称指向更为明确,如 011407001 墙面喷刷涂料,可采用 011407001001 外墙乳胶漆、011407001002 内墙乳胶漆,更为直观。

(3) 项目特征

1) 项目特征的定义。项目特征是表征构成分部分项工程项目、措施项目自身价值的本质特征,是对体现分部分项工程量清单、措施项目清单价值的特有属性和本质特征的描述。从本质上讲,项目特征体现的是对分部分项工程的质量要求,是确定一个清单项目综合单价不可缺少的重要依据。在编制工程量清单时,必须对项目特征进行准确和全面的描述。

2) 项目特征的意义。项目特征是区分具体清单项目的依据,是确定综合单价的前提,同时也是履行合同义务的基础,如实际项目实施中施工图中特征与分部分项工程项目特征不一致或发生变化,即可按合同约定调整该分部分项工程的综合单价。

3) 项目特征的描述原则。项目特征描述的内容应按各专业工程量计算规范中的规定,结合拟建工程的实际,并能满足确定综合单价的需要。若采用标准图集或施工图能够全部或部分满足项目特征描述的要求,项目特征描述可直接采用详见××图集或××图号的方式。对不能满足项目特征描述要求的部分,仍应用文字描述。

4) 项目特征的描述注意事项。项目特征必须描述的内容有:涉及正确计量的内容必须描述,如门窗洞口尺寸或框外围尺寸。涉及结构要求的内容必须描述,如构件的混凝土强度等级,等级不同,价值不同,必须描述。涉及材质要求的内容必须描述,如油漆的品种,是调和漆还是硝基清漆等;管材的材质,是碳钢管还是塑料管等;还需对管材的规格、型号进行描述。涉及安装方式的内容必须描述,如管道工程中的钢管的连接方式是螺纹连接还是焊接;塑料管是粘结连接还是热熔连接等必须描述。

项目特征可不描述的内容有:对计量计价没有实质影响的内容可以不描述;应由投标人根据施工方案确定的可以不描述;应由投标人根据当地材料和施工要求确定的可以不描述;应由施工措施解决的可以不描述;对注明由投标人根据施工现场实际自行考虑决定报价的,项目特征可不描述。

5) 特征描述的方式。特征描述的方式可划分为"问答式"与"简化式"两种,见表 1-3。"问答式"主要是工程量清单编写者直接采用计算规范上的列项,采用答题的方式进行描述。这种方式的优点是全面、详细,缺点是较为烦琐,打印时用纸较多。"简化式"与"问答式"相反,对需要描述的项目特征内容根据当地的用语习惯,采用口语化的方式直接描述,省略了规范上的描述要求,简洁明了。

清单项目特征描述对比见表 1-3。

表 1-3 清单项目特征描述对比表

序号	项目编码	项目名称	项目特征	
			问答式	简化式
1	010101004001	挖基坑土方	1. 土壤类别:三类土 2. 挖土深度:3.0m 3. 弃土运距:5km	三类土、挖土深度3.0m,弃土运距5km

（4）计量单位

1）分部分项工程量清单的计量单位应按各专业工程量计算规范附录中规定的计量单位确定。规范中的计量单位均为基本单位，与定额中所采用基本单位扩大一定的倍数不同。

2）各专业工程量计算规范附录中有两个或两个以上计量单位的，应结合拟建工程项目的实际情况，选择其中一个使用，在同一个建设项目（或标段、合同段）中，有多个单位工程的相同项目计量单位必须保持一致。

3）不同的计量单位汇总后的有效位数也不相同，根据各专业工程量计算规范规定，工程计量时每一项目汇总的有效位数应遵守下列规定：

① 以"t"为单位，应保留小数点后三位数字，第四位小数四舍五入。

② 以"m、m^2、m^3、kg"为单位，应保留小数最后两位数字，第三位小数四舍五入。

③ 以"个、件、根、组、系统"为单位，应取整数。

（5）工程量计算规则

1）工程量计算原则是按施工图图示尺寸（数量）计算工程实体工程数量的净值。

2）工程量计算与国际通行做法相一致，不同于计价定额中的工程量计算，而计价定额的工程量计算需要考虑一定的施工方法、施工工艺和施工现场的实际情况进行确定。

1.4 工程造价的组成

建设工程发承包及实施阶段的工程造价由分部分项工程费、措施项目费、其他项目费、规费和税金组成，如图1-1所示。

1.5 招标工程量清单组成

招标工程量清单应以单位（项）工程为对象编制，由分部分项工程项目清单、措施项目清单、其他项目清单、规费和税金项目清单组成。

1.5 招标工程量清单的组成及编制依据

1. 分部分项工程项目清单

分部分项工程项目清单必须载明项目编码、项目名称、项目特征、计量单位和工程量5项内容，5项内容缺一不可。分部分项工程项目清单必须根据相关工程现行国家计量规范规定的项目编码、项目名称、项目特征、计量单位和工程量计算规则进行编制。

2. 措施项目清单

措施项目是指为完成工程项目施工，发生于该工程施工准备和施工过程中技术、生活、安全、环境保护等方面的非工程实体项目。

《房屋建筑与装饰工程工程量计算规范》（GB 50854—2013）将措施项目分为单价措施项目和总价措施项目。单价措施项目能根据计算规则计算出具体的工程量大小，清单编制时按照分部分项工程项目清单的方式进行编制，规范中列出了单价措施项目的项目编码、项目名称、项目特征、计量单位和工程量计算规则；总价措施项目是指现行的工程清单计算规范中无工程量计算规则、以总价（或计算基础×费率）计算的措施项目。

鉴于工程建设施工特点和承包人组织施工生产的施工装备水平、施工方案及其管理水平的差异，同一工程、不同承包人组织施工采用的施工措施有时并不完全一致，因此，措施项目清单编制应根据拟建工程的实际情况列出措施项目。

任务 1　初识房屋建筑工程量清单编制

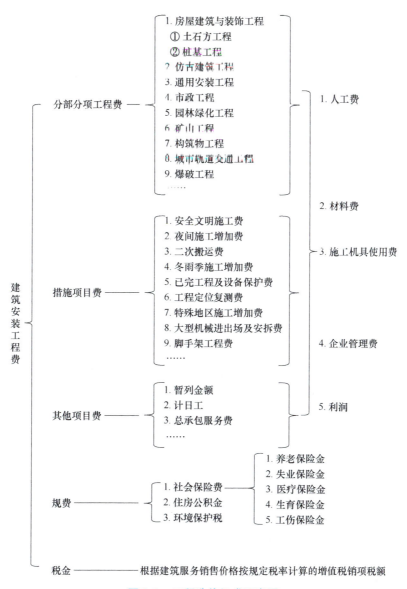

图 1-1　工程造价组成示意图

3. 其他项目清单

其他项目清单应按照下列内容列项：暂列金额；暂估价，包括材料暂估单价、工程设备暂估单价、专业工程暂估价；计日工；总承包服务费。

暂列金额是招标人暂定并包括在合同中的一笔款项。工程建设过程中存在其他诸多不确定性因素，消化这些因素必然会影响合同价格的调整，暂列金额正是因这类不可避免的价格调整而设立，以便合理确定工程造价的控制目标（项目审批部门批复的设计概算）。只有按照合同约定程序实际发生相应事项后，暂列金额才能成为中标人的应得金额，纳入合同结算价款中。扣除实际发生金额后的暂列金额余额仍属于招标人所有。暂列金额可根据工程的复杂程度、设计深度、工程环境条件（包括地质、水文、气候条件等）进行估算，一般可按分部分项工程费和措施项目费的 10%～15% 为参考。

9

暂估价是指招标阶段直至签订合同协议时，招标人在招标文件中提供的用于支付必然要发生但暂时不能确定价格的材料以及需另行发包的专业工程金额。

计日工是为了解决现场发生的零星工作的计价而设立的。计日工适用的零星工作一般是指合同约定之外的或者因变更产生的、工程量清单中没有相应项目的额外工作，尤其是那些时间不允许事先商定价格的额外工作。

总承包服务费是为了解决招标人在法律、法规允许的条件下进行专业工程发包以及自行采购供应材料、设备时，要求总承包人对发包的专业工程提供协调和配合服务（如分包人使用总包人的脚手架、水电接驳等），对供应的材料、设备提供收发和保管服务以及对施工现场进行统一管理而发生的费用。

4. 规费项目清单

根据国家法律、法规规定，由省级政府或省级有关权力部门规定施工企业必须缴纳的，应计入建筑安装工程造价的费用。政府和有关权力部门可根据形势发展需要，对规费项目进行调整。

规费项目清单应按照下列内容列项：社会保险费、住房公积金、环境保护税。其中社会保险费包括养老保险费、失业保险费、医疗保险费、工伤保险费、生育保险费等内容。

5. 税金项目清单

税金是国家按照税法预先规定的标准，强制地、无偿地取得财政收入的一种形式。它是国家参与国民收入分配和再分配的工具。现行一般计税方法中的税金是指根据建筑服务销售价格，按规定税率计算的增值税销项税额。

1.6 编制招标工程量清单的依据

编制招标工程量清单应依据：
1）《建设工程工程量清单计价规范》（GB 50500—2013）和相关工程的国家计量规范。
2）国家或省级、行业建设主管部门颁发的计价定额和办法。
3）建设工程设计文件（如施工图、设计变更文件等）及相关资料。
4）与建设工程有关的标准、规范、技术资料。
5）拟定的招标文件。
6）施工现场情况、地勘水文资料、工程特点及常规施工方案。
7）其他相关资料。

1.7 工程量清单计价的工程投资类型

使用国有资金投资的建设工程发承包，必须采用工程量清单计价；非国有资金投资的建设工程，宜采用工程量清单计价。

国有资金投资的工程建设项目通常包括使用国有资金投资和国家融资投资的工程建设项目。

使用国有资金投资项目的范围包括：使用各级财政预算资金的项目；使用纳入财政管理的各种政府性专项建设基金的项目；使用国有企事业单位自有资金，并且国有资产投资者实际拥有控制权的项目。

国家融资项目的范围包括：使用国家发行债券所筹资金的项目；使用国家对外借款或者担保所筹资金的项目；使用国家政策性贷款的项目；国家授权投资主体融资的项目；国家特

许的融资项目。

1.8 典型实例

【实例】招标工程量清单的项目组成

某工程的招标工程量清单（局部）见表1-4～表1-6。

根据以上背景资料及《建设工程工程量清单计价规范》（GB 50500—2013）、《房屋建筑与装饰工程工程量计算规范》（GB 50854—2013），说明招标工程量清单的项目组成。

表1-4 分部分项工程和单价措施项目清单与计价表

序号	项目编码	项目名称	项目特征描述	计量单位	工程量	金额（元）	
						综合单价	合价
0101 土石方工程							
1	010101003001	挖沟槽土方	三类土，垫层底宽2m，挖土深度<4m，弃土运距<10km	m^3	1432		
			……				
			分部小计				
0103 桩基工程							
2	010302001001	泥浆护壁成孔灌注桩	桩长10m，护壁段长9m，共42根，桩直径1000mm，扩大头直径1100mm，桩混凝土为C25，护壁混凝土C20	m	420		
			……				
			分部小计				
0104 砌筑工程							
			……				
0105 混凝土及钢筋混凝土工程							
			……				
0108 门窗工程							
			……				
0109 屋面及防水工程							
			……				
0114 油漆、涂料、裱糊工程							
			……				
0117 措施项目							
16	011701001001	综合脚手架	砖混，檐高22m	m^2	10940		
			……				
			分部小计				

表 1-5　其他项目清单与计价表

序号	项目名称	金额（元）	结算金额（元）	备注
1	暂列金额	350000		
2	暂估价	200000		
2.1	材料暂估价			
2.2	专业工程暂估价	200000		
3	计日工			
4	总承包服务费			
5				
	合计	550000		

表 1-6　规费项目、税金项目清单与计价表

序号	项目名称	计算基础	计算基数	计算费率（%）	金额（元）
1	规费				
1.1	社会保险费				
（1）	养老保险费	分部分项工程费＋措施项目费＋其他项目费－除税工程设备费			
（2）	失业保险费				
（3）	医疗保险费				
（4）	工伤保险费				
（5）	生育保险费				
1.2	住房公积金				
1.3	环境保护税	按照《国家税务总局 江苏省税务局 江苏省生态环境厅关于部分行业环境保护税应纳税额计算方法的公告》（2018 年第 21 号）要求，"环境保护税"由各类建设工程的建设方（含代建方）向税务机关缴纳			
2	税金	分部分项工程费＋措施项目费＋其他项目费＋规费－（除税甲供材料费＋除税甲供设备费）/1.01			
		合计			

【分析与解答】

见表 1-4～表 1-6，招标工程量清单以单位（项）工程为对象编制，包括分部分项工程项目清单、措施项目清单、其他项目清单、规费和税金项目清单 5 个部分。

其中分部分项工程一般由土（石）方工程、桩基工程、砌筑工程、混凝土及钢筋混凝

土工程、门窗工程、屋面及防水工程、楼地面装饰工程、墙柱面装饰工程和天棚工程等组成。

【学习评价】

序号	评价内容	评价标准	评价结果			
			优秀	良好	合格	不合格
1	单位工程、分部分项工程的划分	能正确区分单位工程、分部分项工程				
2	工程造价的组成	能正确陈述工程造价的组成				
3	招标工程量清单的组成和编制依据	能准确陈述招标工程量清单的组成				
		能说出分部分项工程清单的五个要素				
		能说出招标工程量清单的编制依据				
4		能否进行下一步学习	□能		□否	

任务 2

编制土石方工程量清单

任务2　编制土石方工程量清单

【任务背景】

房屋建造过程中,首先面临的施工任务就是土石方工程。一般说来,土方与石方相比,坚硬程度不同,因而开挖方式不同。土方主要使用锹、锄、镐等工具开挖;而石方主要使用爆破等方法开挖。本任务主要阐述土方工程量清单的编制,对应的分项工程有平整场地、挖基础土方、回填土方、余方弃置和缺方内运等。

【任务目标】

1. 能正确描述平整场地、挖基坑土方、挖沟槽土方、挖一般土方、回填方的工程量计算规则。
2. 能对土方工程进行清单列项,能确定土方清单项目形体及其参数,能编制平整场地、挖基坑土方、挖沟槽土方、挖一般土方、回填方的工程量清单。
3. 培养专业知识的沟通表达能力、严谨细致的职业态度和精益求精的工匠精神。

【任务实施】

包括编制平整场地、挖基坑土方、挖沟槽土方、挖一般土方、回填方等工作任务。

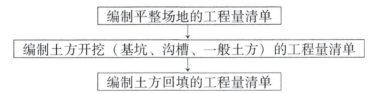

1. 分析学习难点

1）理解挖沟槽土方、挖基坑土方与挖一般土方的区别。
2）掌握土方形体的参数确定,如工作面、放坡宽度、开挖深度等。
3）理解平整场地、挖基坑土方、回填方等土方清单项目的工程量计算规则。

2. 条件需求与准备

1）《房屋建筑与装饰工程工程量计算规范》(GB 50854—2013)。
2）建筑与结构施工图。
3）其他相关的规范图集。

3. 操作时间安排

共计6课时,其中任务实操3课时,理论学习3课时。

4. 任务实操训练

识读电子资源中附录二中的某模具车间二项目一层建筑平面图及某模具车间二项目桩基施工图,土壤按三类干土考虑,采用人工开挖土方、坑边弃土。编制平整场地、土方开挖及基坑回填土方的工程量清单(土方开挖和回填均以单个$CT_1 06$为例)。

某模具车间
二项目一层
建筑平面图

某模具车间二桩基施工图
01-桩平面布置图

某模具车间二桩基施工图
02-桩承台平面布置图

（1）计算清单工程量

1）建筑外轮廓的尺寸长度为_____ m，宽度为_____ m。
平整场地的清单工程量：

2）根据土方工程的划分依据，该土方底部宽度_____ m，长度_____ m，底面积_____ m²，该项目挖土方工程的清单项目名称：_____。

3）计算土方开挖的清单工程量。
① 开挖深度_____ m，（□是 □否）放坡。
② 确定土方开挖形体及参数，计算土方开挖的清单工程量：

4）绘制基坑回填土方的示意图，计算土方回填的清单工程量（假定基础部分的柱截面均为500mm×600mm）：

（2）编制分部分项工程项目清单 填写清单工作量计算表2-1，根据工程背景准确描述其项目特征，依据《房屋建筑与装饰工程工程量计算规范》（GB 50854—2013）填写分部分项工程清单与计价表2-2。

表2-1 清单工程量计算表

序号	项目编码	项目名称	计算式	计量单位	工程量合计
1					
2					
3					

表2-2 分部分项工程清单与计价表

序号	项目编码	项目名称	项目特征描述	计量单位	工程量	综合单价	合价
1							
2							
3							

【知识链接】

2.1 土方工程

1. 清单项目设置

土方工程工程量清单项目设置、项目特征描述的内容、计量单位及工程量计算规则应按表2-3的规定执行。

2.1-1 【拓展实例】
编制挖基坑土方、沟槽土方工程量清单

表2-3 土方工程（编号：010101）

项目编码	项目名称	项目特征	计量单位	工程量计算规则	工作内容
010101001	平整场地	1. 土壤类别 2. 弃土运距 3. 取土运距	m^2	按设计图示尺寸以建筑物首层建筑面积计算	1. 土方挖填 2. 场地找平 3. 运输
010101002	挖一般土方	1. 土壤类别 2. 挖土深度 3. 弃土运距	m^3	按设计图示尺寸以体积计算	1. 排地表水 2. 土方开挖 3. 围护（挡土板）及拆除 4. 基底钎探 5. 运输
010101003	挖沟槽土方			按设计图示尺寸以基础垫层底面积乘以挖土深度计算	
010101004	挖基坑土方				
010101005	冻土开挖	1. 冻土厚度 2. 弃土运距		按设计图示尺寸开挖面积乘以厚度以体积计算	1. 爆破 2. 开挖 3. 清理 4. 运输
010101006	挖淤泥、流砂	1. 挖掘深度 2. 弃淤泥、流砂距离		按设计图示位置、界限以体积计算	1. 开挖 2. 运输
010101007	管沟土方	1. 土壤类别 2. 管外径 3. 挖沟深度 4. 回填要求	1. m 2. m^3	1. 以米计量，按设计图示以管道中心线长度计算 2. 以立方米计量，按设计图示管底垫层面积乘以挖土深度计算；无管底垫层按管外径的水平投影面积乘以挖土深度计算。不扣除各类井的长度，井的土方并入	1. 排地表水 2. 土方开挖 3. 围护（挡土板）、支撑 4. 运输 5. 回填

2. 清单项目信息解读

（1）土壤分类 土壤的分类按表2-4确定，表中土的名称及其含义按国家标准《岩土工程勘察规范》（GB 50021—2001）（2009年版）定义。

（2）边坡放坡系数和基础施工工作面 土方施工时，常因放坡和留设基础施工工作面而导致土方工程量的变化。挖沟槽、基坑、一般

2.1-2 【拓展实例】
编制挖一般土方清单

土方因工作面和放坡增加的工程量（管沟工作面增加的工程量），是否并入各土方工程量中，按省、自治区、直辖市或行业建设主管部门的规定实施。

1）边坡放坡系数。土方开挖深度超过表 2-5 中各类土的放坡起点时，为防止边坡塌方，需按规定放坡，放坡系数见表 2-5。

表 2-4　土壤分类表

土壤分类	土壤名称	开挖方法
一、二类土	粉土、砂土（粉砂、细砂、中砂、粗砂、砾砂）、粉质黏土、弱中盐渍土、软土（淤泥质土、泥炭、泥炭质土）、软塑红黏土、冲填土	用锹、少许用镐、条锄开挖。机械能全部直接铲挖满载者
三类土	黏土、碎石土（圆砾、角砾）混合土、可塑红黏土、硬塑红黏土、强盐渍土、素填土、压实填土	主要用镐、条锄、少许用锹开挖。机械需部分刨松方能铲挖满载者或可直接铲挖但不能满载者
四类土	碎石土（卵石、碎石、漂石、块石）、坚硬红黏土、超盐渍土、杂填土	全部用镐、条锄挖掘、少许用撬棍挖掘。机械需普遍刨松方能铲挖满载者

表 2-5　放坡系数表

土壤类别	放坡起点/m	人工挖土	机械挖土		
			在坑内作业	在坑上作业	顺沟槽在坑上作业
一、二类土	1.20	1:0.5	1:0.33	1:0.75	1:0.5
三类土	1.50	1:0.33	1:0.25	1:0.67	1:0.33
四类土	2.00	1:0.25	1:0.10	1:0.33	1:0.25

如图 2-1 所示，放坡宽度 b 与深度 H 和放坡角度 α 之间的关系是正切函数关系，即 $\tan\alpha = \dfrac{b}{H}$。不同的土壤类别取不同的 α 角度。所以放坡系数 K 是根据 $\tan\alpha$ 来确定的。如三类土，人工挖土的 $K = \dfrac{b}{H} = 0.33$，故放坡宽度 $b = KH$。

沟槽、基坑中土壤类别不同时，分别按其放坡起点、放坡系数，依据不同土壤类别按厚度加权平均计算。

计算放坡时，在交接处的重复工程量不予扣除，如图 2-2 所示。原槽、坑作基础垫层时，放坡自垫层上表面开始计算，如图 2-3 所示。

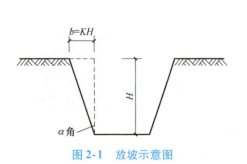

图 2-1　放坡示意图

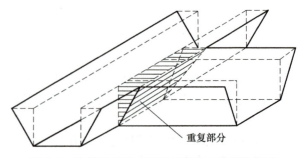

图 2-2　沟槽放坡时，交接处重复工程量示意图

2）基础施工工作面。基础和管沟施工时，为方便工人操作和基础模板支挡，常需在基础外侧留有一定的施工工作面，如图2-3和图2-4中的 c 值。基础施工工作面的宽度见表2-6；管沟施工每侧所需工作面宽度见表2-7。

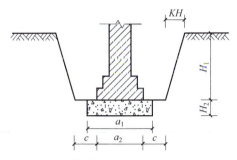

图2-3　从垫层上表面起放坡示意图

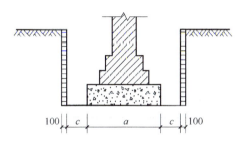

图2-4　支挡土板留设工作面示意图

表2-6　基础施工所需工作面宽度　　　　　　　　　　　　（单位：mm）

基础材料	每边各增加工作面宽度
砖基础	200
浆砌毛石、条石基础	150
混凝土基础垫层支模板	300
混凝土基础支模板	300
基础垂直面做防水层	1000（防水层面）

注：本表按《全国统一建筑工程预算工程量计算规则》（GJDGZ—101—95）整理。

表2-7　管沟施工每侧所需工作面宽度　　　　　　　　　　（单位：mm）

管沟材料	管道结构宽			
	≤500	≤1000	≤2500	>2500
混凝土及钢筋混凝土管道	400	500	600	700
其他材质管道	300	400	500	600

注：1. 本表按《全国统一建筑工程预算工程量计算规则》（GJDGZ—101—95）整理。
　　2. 管道结构宽：有管座的按基础外缘，无管座的按管道外径。

（3）挖土深度确定

1）平整场地时涉及的挖土深度，应按自然地面测量标高至设计地坪标高的平均厚度确定。

2）竖向土方、山坡切土开挖深度，应按基础垫层底表面标高至交付施工场地标高确定，无交付施工场地标高时，应按自然地面标高确定。

3）平整场地项目列项。建筑物场地厚度≤±300mm的挖、填、运、找平，应按表2-3中平整场地项目编码列项。厚度>±300mm的竖向布置挖土或山坡切土应按表2-3中挖一般土方项目编码列项。

(4) 沟槽、基坑、一般土方的划分　底宽≤7m且底长>3倍底宽为沟槽；底长≤3倍底宽且底面积≤150m²为基坑；超出上述范围则为一般土方。

(5) 项目特征中的弃、取土运距　项目特征中的弃、取土运距可以不描述，但应注明由投标人根据施工现场实际情况自行考虑，决定报价。

(6) 项目特征中的土壤类别　土壤类别应按表2-4确定，当土壤类别不能准确划分时，招标人可注明为综合，由投标人根据地勘报告决定报价。

(7) 工程量计算中的土方体积　土方体积应按挖掘前的天然密实体积计算。

(8) 挖方出现流砂、淤泥时的工程量计量　挖方出现流砂、淤泥时，应根据实际情况由发包人与承包人双方现场签证确认工程量。

(9) 管沟土方项目的适用情况　管沟土方项目适用于管道（给水排水、工业、电力、通信）、光（电）缆沟［包括人（手）孔、接口坑］及连接井（检查井）等。

2.2　土方回填

1. 清单项目设置

土方回填工程量清单项目设置、项目特征描述的内容、计量单位及工程量计算规则，应按表2-8的规定执行。

表2-8　回填（编号：010103）

项目编码	项目名称	项目特征描述	计量单位	工程量计算规则	工 作 内 容
010103001	回填方	1. 密实度要求 2. 填方材料品种 3. 填方粒径要求 4. 填方来源、运距	m³	按设计图示尺寸以体积计算 1. 场地回填：回填面积乘以平均回填厚度 2. 室内回填：主墙间面积乘以回填厚度，不扣除间隔墙 3. 基础回填：挖方体积减去自然地坪以下埋设的基础体积（包括基础垫层及其他构筑物）	1. 运输 2. 回填 3. 压实
010103002	余方弃置	1. 废弃料品种 2. 运距		按挖方清单项目工程量减利用回填方体积（正数）计算	余方点装料运输至弃置点

2. 清单项目信息解读

表2-8中的项目特征栏的相关信息描述，可按下列情况处理：

1）填方密实度要求，在无特殊要求情况下，项目特征可描述为满足设计和规范的要求。

2）填方材料品种可以不描述，但应注明由投标人根据设计要求验方后方可填入，并符合相关工程的质量规范要求。

3）填方粒径要求，在无特殊要求情况下，项目特征可以不描述。

4）如需买土回填应在项目特征填方来源中描述，并注明买土方数量。

2.3 典型实例

【实例】土方工程量清单编制实例

2.3 土方工程量清单编制实例

某工程±0.000以下基础工程施工图，如图2-5～图2-8所示，室内外高差为450mm。基础垫层为非原槽浇筑，垫层支模，混凝土强度等级为C10，地圈梁混凝土强度等级为C20。砖基础，使用普通页岩标准砖，M5水泥砂浆砌筑。柱下独立基础及柱为C20混凝土。

工程的建设单位已完成三通一平。混凝土及砂浆材料为：中砂、砾石、细砂，均为现场搅拌。

拟定的施工方案为：基础工程土方为人工开挖，非桩基工程，不考虑开挖时排地表水及基底钎探，不考虑支挡土板施工，工作面为300mm，若放坡，放坡系数为0.33；开挖基础土方，其中一部分土壤考虑按挖方量的60%进行现场运输、堆放，采用人力车运输，距离为40m，另一部分土壤在基坑边5m内堆放。平整场地弃、取土运距均为5m。弃土外运5km，回填土为夯填；土壤类别为三类干土，均为天然密实土，现场内土壤堆放时间为3个月。编制清单时，工作面和放坡增加的工程量，按江苏工程量计算规范的宣贯规定，并入各土方工程量中。

根据以上背景资料及《建设工程工程量清单计价规范》(GB 50500—2013)、《房屋建筑与装饰工程工程量计算规范》(GB 50854—2013)，试编制该±0.000以下基础工程的平整场地、挖地槽、挖基坑、土方回填、弃土外运等项目的分部分项工程量清单。

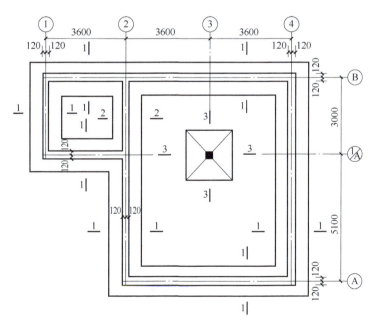

图2-5 某工程基础平面图

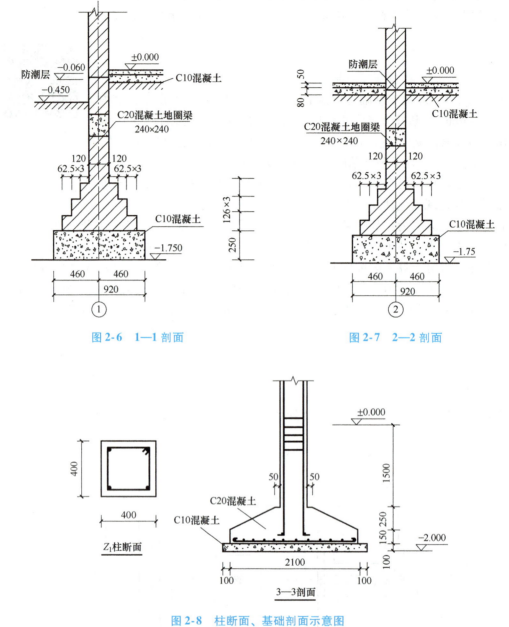

图 2-6　1—1 剖面

图 2-7　2—2 剖面

图 2-8　柱断面、基础剖面示意图

【分析与解答】

1. 清单工程量计算

（1）平整场地的工程量计算分析　工程量计算规则为：按设计图示尺寸以建筑物首层建筑面积计算。建筑物首层建筑面积应按其外墙勒脚以上结构外围水平面积计算。如图 2-5 所示，①～④轴轴线距离为 3.6m×3 = 10.8m；长度方向结构外围的尺寸为 10.8m + 0.24m = 11.04m；计算建筑面积的其余尺寸类推。

(2)挖沟槽土方的工程量计算分析

1)清单列项。图2-5中,矩形柱下基础为独立基础,墙下基础为带形基础(也称为条形基础)。外墙下带形基础断面如图2-6所示;内墙下带形基础断面如图2-7所示。对应土方工程中的清单项目设置,带形基础下的土方开挖应按挖沟槽土方列项;独立基础下的土方开挖应按挖基坑土方列项。

2)沟槽长度确定。表2-9中挖沟槽土方工程量按沟槽的断面面积乘以沟槽长度计算。图2-5中,外墙下挖沟槽土方的长度按外墙中心线长度计算;内墙下挖沟槽土方的长度按沟槽净长度计算。由于考虑了基础工作面,因此内墙下沟槽净长度 $L_{内} = 3m - 0.92m - 0.3m \times 2 = 1.48m$。

表2-9 清单工程量计算表

序号	项目编码	项目名称	计算式	计量单位	工程量合计
1	010101001001	平整场地	$S = (11.04 \times 8.34 - 5.1 \times 3.6)\ m^2 = 73.71m^2$	m^2	73.71
2	010101003001	挖沟槽土方	$L_{外} = (10.8 + 8.1)m \times 2 = 37.8m$ $L_{内} = (3 - 0.92 - 0.3 \times 2)\ m = 1.48m$ $S_{1-1(2-2)} = (0.92 + 2 \times 0.3)m \times 1.3m = 1.98m^2$ $V = (37.8 + 1.48)m \times 1.98m^2 = 77.77m^3$	m^3	77.77
3	010101004001	挖基坑土方	$a = b = 2.9m$ $A = B = (2.9 + 2 \times 1.55 \times 0.33)\ m = 3.92m$ $V = \dfrac{1.55m}{6} \times [2.9^2 + 3.92^2 + (2.9 + 3.92)^2]\ m^2$ $= 18.16m^3$	m^3	18.16
4	010103001001	回填方	① 垫层:$V = [(37.8 + 2.08) \times 0.92 \times 0.25 + 2.3 \times 2.3 \times 0.1]\ m^3$ $= 9.70m^3$ ② 埋在室外地坪(-0.450)下的砖基础(含圈梁): $V = [(37.8 + 2.76) \times 0.24 \times (1.05 + 0.0625 \times 3 \times 0.126 \times 4/0.24)]\ m^3$ $= (40.56 \times 0.3465)\ m^3 = 14.05m^3$ ③ 埋在室外地坪以下的混凝土基础及柱: $V = \left[\dfrac{1}{6} \times 0.25 \times (0.5^2 + 2.1^2 + 2.6^2) + 2.1 \times 2.1 \times 0.15 + 1.05 \times 0.4 \times 0.4\right]\ m^3$ $= 1.31m^3$ ④ 基础回填: $V = (77.77 + 18.16 - 9.70 - 14.05 - 1.31)\ m^3 = 70.87m^3$ 室内回填: $V = [(3.36 \times 2.76 + 7.86 \times 6.96 - 0.4 \times 0.4) \times (0.45 - 0.13)]\ m^3$ $= 20.42m^3$	m^3	91.29
5	010103002001	余方弃置	$V = (95.93 - 91.29)\ m^3 = 4.64m^3$	m^3	4.64

3) 土方开挖深度。竖向土方开挖深度,应按基础垫层底表面标高至自然地面标高确定。如图2-6所示,垫层底标高为-1.750m,室外地坪标高为-0.450m,因此土方开挖深度=1.750m-0.450m=1.3m。

4) 沟槽断面面积。本工程土壤为三类土,由表2-5可知,放坡起点高度为1.50m,因此,沟槽开挖深度为1.3m无须放坡。工程量计算时,沟槽断面为矩形,考虑工作面后沟槽底宽为0.92m+2×0.3m=1.52m。

(3) 挖基坑土方的工程量计算分析

1) 基坑土方形体。如图2-5所示独立基础下的土方按挖基坑土方列项。考虑基础施工工作面和边坡放坡后,基坑土方形体为四棱台。

2) 基坑底部尺寸。垫层底部的长、宽均为2.3m,考虑施工工作面后,基坑底部长、宽尺寸均为2.3m+2×0.3m=2.9m。

3) 土方开挖深度。如图2-8所示,垫层底标高为-2.000m,该工程室外地坪标高为-0.450m。因此挖土深度为1.55m。

4) 基坑上口尺寸。本工程土壤为三类土,由表2-5可知,放坡起点高度为1.50m,坡度系数0.33。该工程基坑土方的开挖深度为1.55m,因此,基坑需要四面放坡。放坡后的基坑上口长、宽均为(2.9+2×1.55×0.33)m=3.92m。

5) 基坑土方体积计算式。放坡后的基坑土方形体为正四棱台,可按式(2-1)计算基坑土方体积。

$$V = \frac{h}{6}[ab + AB + (A+a)(B+b)] \qquad (2\text{-}1)$$

式中,h为基坑土方开挖深度;a,b为坑底的长度和宽度;A,B为放坡后坑上口的长度和宽度。

四边放坡的基坑,当坡度系数为m时,$A = a + 2mh$,$B = b + 2mh$。

(4) 土方回填工程量计算分析 土方回填工程量包括两部分:一是基础土方回填工程量,它是挖方体积与自然地坪以下埋设的基础体积之差;二是室内回填土方工程量,计算规则是主墙间面积乘以回填厚度。回填厚度为室内外高差值减去建筑施工图中确定的地面构造层厚度值。

1) 基础回填工程量计算分析。挖方总量为77.77m³+18.16m³=95.93m³;垫层体积包括带形基础下的250mm厚的垫层体积和独立基础下的100mm厚的垫层体积,工程量的和为9.70m³;室外地坪-0.450m以下的砖基础(含圈梁)的体积为14.05m³(表中砖基础大放脚的工程量计算方法将在任务5中详细介绍);室外地坪以下的混凝土基础及柱的工程量为1.31m³,其中基础部分的四棱台沿用式(2-1)计算,柱的计算高度为1.5m-0.45m=1.05m。综合以上分析,基础回填工程量为表2-9所示的70.87m³。

2) 室内回填工程量计算分析。按图2-5可求得主墙间净面积;如图2-7所示,室内地面构造层的厚度为130mm,因此,回填厚度为0.45m-0.13m=0.32m。

(5) 余方弃置工程量计算分析 计算规则是:挖方清单项目工程量减利用回填方体积(正数)计算。

2. 编制分部分项工程项目清单

分部分项工程清单与计价见表2-10。清单编制在表2-9已有正确列项的情况下,需按表2-3和表2-8的提示,根据工程背景准确描述其项目特征。

表 2-10 分部分项工程清单与计价表

序号	项目编码	项目名称	项目特征描述	计量单位	工程量合计	综合单价	合价
1	010101001001	平整场地	1. 土壤类别：三类土 2. 弃土运距：5m 3. 取土运距：5m	m³	73.71		
2	010101003001	挖沟槽土方	1. 土壤类别：三类土 2. 挖土深度：1.3m 3. 弃土运距：40m	m³	77.77		
3	010101004001	挖基坑土方	1. 土壤类别：三类土 2. 挖土深度：1.55m 3. 弃土运距：40m	m³	18.16		
4	010103001001	回填方	1. 土方要求：满足规范及设计 2. 密实度要求：满足规范及设计 3. 粒径要求：满足规范及设计 4. 夯填（碾压）：夯填 5. 运输距离：40m	m³	91.29		
5	010103002001	余方弃置	弃土运距：5km	m³	4.64		

【学习评价】

序号	评价内容	评价标准	评价结果			
			优秀	良好	合格	不合格
1	清单列项	能正确列出项目名称				
2	清单工程量计算	能正确计算土方工程的工程量				
3	分部分项工程项目清单	能根据工程背景准确描述项目特征				
		能准确填写清单编制表				
4		能否进行下一步学习	□能	□否		

任务 3

编制地基处理和基坑支护工程量清单

任务3　编制地基处理和基坑支护工程量清单

【任务背景】

当地基土的承载能力不足以支撑上部结构的自重和外荷载作用时，地基土会产生局部或整体的剪切破坏；另外，地基土在上部结构的自重和外荷载作用下可能产生过大的变形或不均匀变形。当出现以上情况时，必须采用相应的地基处理措施以保证房屋的安全和正常使用。

土方工程施工时，有时会遇到不具备土方放坡开挖的场地条件；或者是具备放坡条件但基坑较深，土方开挖的工程量过大；或者是地下水对基坑开挖产生较大影响。此时，需要用支护结构来支撑土壁，以保证施工的顺利及安全。

本任务主要学习地基处理和边坡支护工程量清单的编制。

【任务目标】

1. 能正确描述地基处理、基坑与边坡支护的工程量计算规则。
2. 能对地基处理、基坑与边坡支护进行清单列项，能编制地基处理、基坑与边坡支护的工程量清单。
3. 树立安全第一、生命至上的工程质量观。

【任务实施】

包括编制地基处理、基坑与边坡支护的清单编制等工作任务。

编制地基处理的工程量清单
↓
编制基坑与边坡支护的工程量清单

1. 分析学习难点

1）理解地基处理、基坑与边坡支护的清单列项。
2）根据施工方案正确描述清单项目特征的内容。
3）理解基坑与边坡支护的工程量计算规则。

2. 条件需求与准备

1）《房屋建筑与装饰工程工程量计算规范》（GB 50854—2013）。
2）基础施工图、边坡支护施工图。
3）其他相关的规范图集。

3. 操作时间安排

共计4课时，其中任务实操2课时，理论学习2课时。

4. 任务实操训练

（1）编制强夯地基的分部分项工程量清单　某多层建筑物的地基土为杂填土，经有关部门论证研究，最终决定采用强夯处理，基础平面图尺寸如图3-1所示，内外墙下带形基础的宽度均为1.6m，基础墙厚度均为240mm；设计规定：夯击能量是400t·m；夯击5

27

遍，强夯范围从基础外围轴线每边各加5m。强夯后的地基承载力要求$f_{ak} \geq 160\text{kPa}$，换填材料要求采用2∶8的灰土。试编制该强夯地基的分部分项工程量清单并将清单编制成果填于表3-1中。

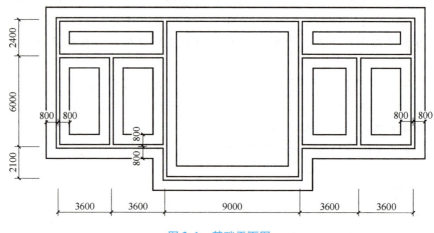

图3-1 基础平面图

1) 计算强夯地基的清单工程量。

2) 编制强夯地基的分部分项工程项目清单。填写清单工程量计算表（表3-1），根据工程背景准确描述其项目特征，依据《房屋建筑与装饰工程工程量计算规范》（GB 50854—2013）填写分部分项工程清单与计价表（表3-2）。

表3-1 清单工程量计算表（强夯地基）

序号	项目编码	项目名称	计算式	计量单位	工程量合计
1					

表3-2 分部分项工程清单与计价表（强夯地基）

序号	项目编码	项目名称	项目特征描述	计量单位	工程量	综合单价	合价
1							

（2）编制锚杆支护、喷射混凝土的工程量清单　某高层建筑采用梁板式满堂基础，因为施工场地狭窄，土方边坡无法正常放坡，所以采用混凝土锚杆支护以防边坡塌方，锚杆入土深度为2.5m，锚杆间距1.5m，边坡面采用C25混凝土喷射，厚度为100mm，大开挖后的基础平面图及边坡支护图如图3-2所示。试编制锚杆支护、喷射混凝土的工程量清单，并将清单编制成果填于表3-3中。

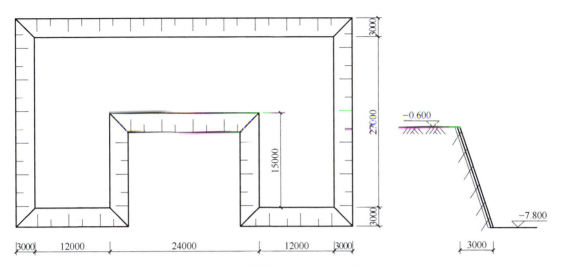

图 3-2 边坡支护平面及断面示意图

1）计算清单工程量。
① 计算锚杆支护的工程量。

② 计算喷射混凝土的工程量。

2）编制分部分项工程项目清单。填写清单工作量计算表（表 3-3），根据工程背景准确描述其项目特征，依据《房屋建筑与装饰工程工程量计算规范》（GB 50854—2013）填写分部分项工程清单与计价表（表 3-4）。

表 3-3 清单工程量计算表（锚杆支护、喷射混凝土）

序号	项目编码	项目名称	计算式	计量单位	工程量合计
1					
2					

表 3-4 分部分项工程清单与计价表（锚杆支护、喷射混凝土）

序号	项目编码	项目名称	项目特征描述	计量单位	工程量	综合单价	合价
1							
2							

【知识链接】

3.1 地基处理

1. 清单项目设置

地基处理的工程量清单项目设置、项目特征描述的内容、计量单位及工程量计算规则应按表 3-5 的规定执行。

表 3-5　地基处理（编号：010201）

项目编码	项目名称	项目特征描述	计量单位	工程量计算规则	工作内容
010201001	换填垫层	1. 材料种类及配比 2. 压实系数 3. 掺加剂品种	m³	按设计图示尺寸以体积计算	1. 分层铺填 2. 碾压、振密或夯实 3. 材料运输
010201002	铺设土工合成材料	1. 部位 2. 品种 3. 规格		按设计图示尺寸以面积计算	1. 挖填锚固沟 2. 铺设 3. 固定 4. 运输
010201003	预压地基	1. 排水竖井种类、断面尺寸、排列方式、间距、深度 2. 预压方法 3. 预压荷载、时间 4. 砂垫层厚度	m²	按设计图示处理范围以面积计算	1. 设置排水竖井、盲沟、滤水管 2. 铺设砂垫层、密封膜 3. 堆载、卸载或抽气设备安拆、抽真空 4. 材料运输
010201004	强夯地基	1. 夯击能量 2. 夯击遍数 3. 夯击点布置形式、间距 4. 夯填材料种类 5. 地耐力要求			1. 铺设夯填材料 2. 强夯 3. 夯填材料运输
010201005	振冲密实（不填料）	1. 地层情况 2. 振密深度 3. 孔距			1. 振冲加密 2. 泥浆运输
010201006	振冲桩（填料）	1. 地层情况 2. 空桩长度、桩长 3. 桩径 4. 填充材料种类	1. m 2. m³	1. 以米计量，按设计图示尺寸以桩长计算 2. 以立方米计量，按设计桩截面乘以桩长以体积计算	1. 振冲成孔、填料、振实 2. 材料运输 3. 泥浆运输
010201007	砂石桩	1. 地层情况 2. 空桩长度、桩长 3. 桩径 4. 成孔方法 5. 材料种类、级配		1. 以米计量，按设计图示尺寸以桩长（包括桩尖）计算 2. 以立方米计量，按设计桩截面乘以桩长（包括桩尖）以体积计算	1. 成孔 2. 填充、振实 3. 材料运输

(续)

项目编码	项目名称	项目特征描述	计量单位	工程量计算规则	工作内容
010201008	水泥粉煤灰碎石桩	1. 地层情况 2. 空桩长度、桩长 3. 桩径 4. 成孔方法 5. 混合料强度等级	m	按设计图示尺寸以桩长（包括桩尖）计算	1. 成孔 2. 混合料制作、灌注、养护 3. 材料运输
010201009	深层搅拌桩	1. 地层情况 2. 空桩长度、桩长 3. 桩截面尺寸 4. 水泥强度等级、掺量		按设计图示尺寸以桩长计算	1. 预搅下钻、水泥浆制作、喷浆搅拌提升成桩 2. 材料运输 3. 材料运输
010201010	粉喷桩	1. 地层情况 2. 空桩长度、桩长 3. 桩径 4. 粉体种类、掺量 5. 水泥强度等级、石灰粉要求			1. 预搅下钻、喷粉搅拌提升成桩 2. 材料运输
010201011	夯实水泥土桩	1. 地层情况 2. 空桩长度、桩长 3. 桩径 4. 成孔方法 5. 水泥强度等级 6. 混合料配比		按设计图示尺寸以桩长（包括桩尖）计算	1. 成孔、夯底 2. 水泥土拌和、填料、夯实 3. 材料运输
010201012	高压喷射注浆桩	1. 地层情况 2. 空桩长度、桩长 3. 桩截面 4. 注浆类型、方法 5. 水泥强度等级		按设计图示尺寸以桩长计算	1. 成孔 2. 水泥浆制作、高压喷射注浆 3. 材料运输
010201013	石灰桩	1. 地层情况 2. 空桩长度、桩长 3. 桩径 4. 成孔方法 5. 掺合料种类、配合比		按设计图示尺寸以桩长（包括桩尖）计算	1. 成孔 2. 混合料制作、运输、夯填
010201014	灰土（土）挤密桩	1. 地层情况 2. 空桩长度、桩长 3. 桩径 4. 成孔方法 5. 灰土级配			1. 成孔 2. 灰土拌和、运输、填充、夯实

(续)

项目编码	项目名称	项目特征描述	计量单位	工程量计算规则	工作内容
010201015	柱锤冲扩桩	1. 地层情况 2. 空桩长度、桩长 3. 桩径 4. 成孔方法 5. 桩体材料种类、配合比	m	按设计图示尺寸以桩长计算	1. 安、拔套管 2. 冲孔、填料、夯实 3. 桩体材料制作、运输
010201016	注浆地基	1. 地层情况 2. 空钻深度、注浆深度 3. 注浆间距 4. 浆液种类及配比 5. 注浆方法 6. 水泥强度等级	1. m 2. m³	1. 以米计量，按设计图示尺寸以钻孔深度计算 2. 以立方米计量，按设计图示尺寸以加固体积计算	1. 成孔 2. 注浆导管制作、安装 3. 浆液制作、压浆 4. 材料运输
010201017	褥垫层	1. 厚度 2. 材料品种及比例	1. m² 2. m³	1. 以平方米计量，按设计图示尺寸以铺设面积计算 2. 以立方米计量，按设计图示尺寸以体积计算	材料拌和、运输、铺设、压实

2. 清单项目信息解读

表 3-5 中的相关信息描述，可按下列情况处理：

1）地层情况按表 2-4 和《房屋建筑与装饰工程工程量计算规范》（GB 50854—2013）中的相关规定，并根据岩土工程勘察报告按单位工程各地层所占比例（包括范围值）进行描述。对无法准确描述的地层情况，可注明由投标人根据岩土工程勘察报告自行决定报价。

2）项目特征中的桩长应包括桩尖，空桩长度＝孔深－桩长，孔深为自然地面至设计桩底的深度。

3）高压喷射注浆类型包括旋喷、摆喷、定喷，高压喷射注浆方法包括单管法、双重管法、三重管法。

4）复合地基的检测费用按国家相关取费标准单独计算，不在表 3-5 的清单项目中。

5）如采用泥浆护壁成孔，工作内容包括土方、废泥浆外运，如采用沉管灌注成孔，工作内容包括桩尖制作、安装。

6）弃土（不含泥浆）清理、运输按《房屋建筑与装饰工程工程量计算规范》中土石方工程中的相关项目编码列项。

3.2 基坑与边坡支护

1. 清单项目设置

基坑与边坡支护工程量清单项目设置、项目特征描述的内容、计量单位及工程量计算规则应按表 3-6 的规定执行。

表 3-6 基坑与边坡支护（编码：010202）

项目编码	项目名称	项目特征描述	计量单位	工程量计算规则	工作内容
010202001	地下连续墙	1. 地层情况 2. 导墙类型、截面 3. 墙体厚度 4. 成槽深度 5. 混凝土种类、强度等级 6. 接头形式	m³	按设计图示墙中心线长乘以厚度乘以槽深以体积计算	1. 导墙挖填、制作、安装、拆除 2. 挖土成槽、固壁、清底置换 3. 混凝土制作、运输、灌注、养护 4. 接头处理 5. 土方、废泥浆外运 6. 打桩场地硬化及泥浆池、泥浆沟
010202002	咬合灌注桩	1. 地层情况 2. 桩长 3. 桩径 4. 混凝土种类、强度等级 5. 部位	1. m 2. 根	1. 以米计量，按设计图示尺寸以桩长计算 2. 以根计量，按设计图示数量计算	1. 成孔、固壁 2. 混凝土制作、运输、灌注、养护 3. 套管压拔 4. 土方、废泥浆外运 5. 打桩场地硬化及泥浆池、泥浆沟
010202003	圆木桩	1. 地层情况 2. 桩长 3. 材质 4. 尾径 5. 桩倾斜度		1. 以米计量，按设计图示尺寸以桩长（包括桩尖）计算 2. 以根计量，按设计图示数量计算	1. 工作平台搭拆 2. 桩机移位 3. 桩靴安装 4. 沉桩
010202004	预制钢筋混凝土板桩	1. 地层情况 2. 送桩深度、桩长 3. 桩截面 4. 沉桩方法 5. 连接方式 6. 混凝土强度等级			1. 工作平台搭拆 2. 桩机移位 3. 沉桩 4. 板桩连接
010202005	型钢桩	1. 地层情况或部位 2. 送桩深度、桩长 3. 规格型号 4. 桩倾斜度 5. 防护材料种类 6. 是否拔出	1. t 2. 根	1. 以吨计量，按设计图示尺寸以质量计算 2. 以根计量，按设计图示数量计算	1. 工作平台搭拆 2. 桩机移位 3. 打（拔）桩 4. 接桩 5. 刷防护材料

（续）

项目编码	项目名称	项目特征描述	计量单位	工程量计算规则	工作内容
010202006	钢板桩	1. 地层情况 2. 桩长 3. 板桩厚度	1. t 2. m²	1. 以吨计量，按设计图示尺寸以质量计算 2. 以平方米计量，按设计图示墙中心线长乘以桩长以面积计算	1. 工作平台搭拆 2. 桩机移位 3. 打拔钢板桩
010202007	锚杆（锚索）	1. 地层情况 2. 锚杆（索）类型、部位 3. 钻孔深度 4. 钻孔直径 5. 杆体材料品种、规格、数量 6. 预应力 7. 浆液种类、强度等级	1. m 2. 根	1. 以米计量，按设计图示尺寸以钻孔深度计算 2. 以根计量，按设计图示数量计算	1. 钻孔、浆液制作、运输、压浆 2. 锚杆（锚索）制作、安装 3. 张拉锚固 4. 锚杆（锚索）施工平台搭设、拆除
010202008	土钉	1. 地层情况 2. 钻孔深度 3. 钻孔直径 4. 置入方法 5. 杆体材料品种、规格、数量 6. 浆液种类、强度等级			1. 钻孔、浆液制作、运输、压浆 2. 土钉制作、安装 3. 土钉施工平台搭设、拆除
010202009	喷射混凝土、水泥砂浆	1. 部位 2. 厚度 3. 材料种类 4. 混凝土（砂浆）类别、强度等级	m²	按设计图示尺寸以面积计算	1. 修整边坡 2. 混凝土（砂浆）制作、运输、喷射、养护 3. 钻排水孔、安装排水管 4. 喷射施工平台搭设、拆除
010202010	钢筋混凝土支撑	1. 部位 2. 混凝土种类 3. 混凝土强度等级	m³	按设计图示尺寸以体积计算	1. 模板（支架或支撑）制作、安装、拆除、堆放、运输及清理模内杂物、刷隔离剂等 2. 混凝土制作、运输、浇筑、振捣、养护

（续）

项目编码	项目名称	项目特征描述	计量单位	工程量计算规则	工作内容
010202011	钢支撑	1. 部位 2. 钢材品种、规格 3. 探伤要求	t	按设计图示尺寸以质量计算。不扣除孔眼质量，焊条、铆钉、螺栓等不另增加质量	1. 支撑、铁件制作（摊销、租赁） 2. 支撑、铁件安装 3. 探伤 4. 刷漆 5. 拆除 6. 运输

2. 清单项目信息解读

1）地层情况按表2-4和《房屋建筑与装饰工程工程量计算规范》（GB 50854—2013）中的相关规定，并根据岩土工程勘察报告按单位工程各地层所占比例（包括范围值）进行描述。对无法准确描述的地层情况，可注明由投标人根据岩土工程勘察报告自行决定报价。

2）土钉置入方法包括钻孔置入、打入或射入等。

3）混凝土种类：指清水混凝土、彩色混凝土等，如在同一地区既使用预拌（商品）混凝土，又允许现场搅拌混凝土时，也应注明（下同）。

4）对于"预压地基""强夯地基"和"振冲密实（不填料）"项目的工程量按设计图示处理范围以面积计算，即根据每个点位所代表的范围乘以点数计算，如图3-3所示。图3-3a所示的清单工程量为 $20AB$；图3-3b所示的清单工程量为 $14AB$，A、B 分别为 X、Y 方向夯击点的中心距离。

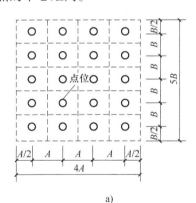
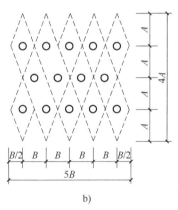

图3-3 工程量计算示意图
a）正方形布置夯击点 b）等腰三角形布置夯击点

3.3 典型实例

【实例1】地基处理清单编制实例

某幢别墅工程基底为可塑黏土，不能满足设计承载力要求，采用水泥粉煤灰碎石桩进行地基处理，桩径为400mm，桩体混凝土强度等级为C20，桩数为52根，设计桩长为10m，桩端进入硬塑黏土层不少于1.5m，桩顶在地面以下1.5~2m，水泥粉煤灰碎石桩采用振动沉管灌注

3.3 【实例1】地基处理清单编制

桩施工，桩顶采用200mm厚人工级配砂石（砂：碎石＝3：7，最大粒径30mm）作为褥垫层，如图3-4和图3-5所示。

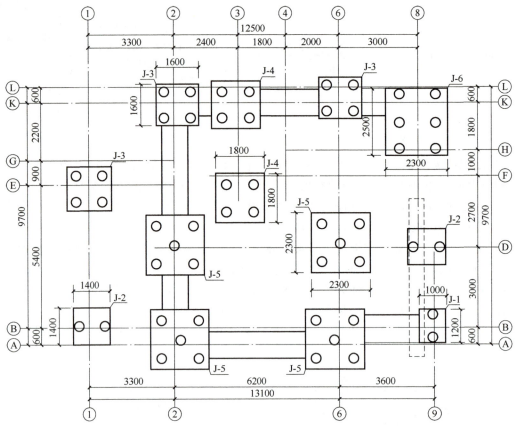

图3-4 某别墅水泥粉煤灰碎石桩基础平面图

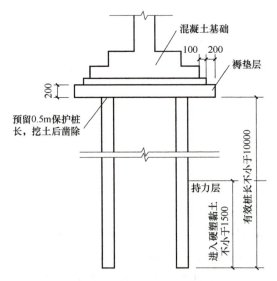

图3-5 水泥粉煤灰碎石桩详图

根据背景资料及《建设工程工程量清单计价规范》(GB 50500—2013)、《房屋建筑与装饰工程工程量计算规范》(GB 50854—2013),试列出该工程地基处理分部分项工程量清单。

【分析与解答】

1) 案例包括两种地基处理方法:水泥粉煤灰碎石桩和褥垫层。
2) 水泥粉煤灰碎石桩清单工程量按有效桩长计算。
3) 褥垫层工程量可按铺设面积计算。以 J-1 下方的褥垫层为例:

如图 3-4 所示,J-1 只有一个,底面积为 $1.2m \times 1.0m = 1.2m^2$;如图 3-5 所示,褥垫层从基础边缘外拓 300mm。因此,J-1 下方褥垫层的面积为 $1.8m \times 1.6m \times 1 = 2.88m^2$。同理,图 3-4 中 J-2 有 2 个,底面积为 $1.4m \times 1.4m = 1.96m^2$,其下方褥垫层工程量为 $2.0m \times 2.0m \times 2 = 8.00m^2$,其余类同,见表 3-7。

表 3-7 清单工程量计价表(某别墅)

序号	项目编码	项目名称	计算式	计量单位	工程量
1	010201008001	水泥粉煤灰碎石桩	$L = 52 \times 10m = 520m$	m	520
2	010201017001	褥垫层	(1) J-1: $1.8m \times 1.6m \times 1 = 2.88m^2$ (2) J-2: $2.0m \times 2.0m \times 2 = 8.00m^2$ (3) J-3: $2.2m \times 2.2m \times 3 = 14.52m^2$ (4) J-4: $2.4m \times 2.4m \times 2 = 11.52m^2$ (5) J-5: $2.9m \times 2.9m \times 4 = 33.64m^2$ (6) J-6: $2.9m \times 3.1m \times 1 = 8.99m^2$ $S = 2.88m^2 + 8.00m^2 + 14.52m^2 + 11.52m^2 +$ $\quad 33.64m^2 + 8.99m^2$ $\quad = 79.55m^2$	m^2	79.55
3	010301004001	截(凿)桩头	$n = 52$ 根	根	52

4) 截(凿)桩头的清单参照本书任务 4 编制桩基工程量清单。
5) 按背景材料可知,工程基底为可塑黏土,根据规范规定,可塑黏土和硬塑黏土为三类土;由题背景,桩顶在地面以下 1.5~2m,此长度即为施工完后的空桩长度,相关内容见表 3-8 中水泥粉煤灰碎石桩项目的项目特征描述。

清单编制在表 3-7 已有正确列项的情况下,需按表 3-5 的提示,根据工程背景准确描述其项目特征。分部分项工程清单与计价见表 3-8。

表 3-8 分部分项工程清单与计价表(某别墅)

序号	项目编码	项目名称	项目特征描述	计量单位	工程量	综合单价	合价
1	010201008001	水泥粉煤灰碎石桩	1. 地层情况:三类土 2. 空桩长度、桩长:1.5~2m、10m 3. 桩径:400mm 4. 成孔方法:振动沉管 5. 混合料强度等级:C20	m	520		

(续)

序号	项目编码	项目名称	项目特征描述	计量单位	工程量	综合单价	合价
2	010201017001	褥垫层	1. 厚度：200mm 2. 材料品种及比例：人工级配砂石（最大粒径30mm），砂:碎石=3:7	m²	79.55		
3	010301004001	截（凿）桩头	1. 桩类型：水泥粉煤灰碎石桩 2. 桩头截面、高度：400mm、0.5m 3. 混凝土强度等级：C20 4. 有无钢筋：无	根	52		

【实例2】边坡支护清单编制实例

某边坡工程采用土钉支护，根据岩土工程勘察报告，地层为带块石的碎石土，土钉成孔直径为90mm，采用1根HRB335、直径25mm的钢筋作为杆体，成孔深度均为10.0m，土钉入射倾角为15°。杆筋送入钻孔后，灌注M30水泥砂浆。混凝土面板采用C20喷射混凝土，厚度为120mm，如图3-6和图3-7所示。

3.3 【实例2】边坡支护清单编制

根据背景资料及《建设工程工程量清单计价规范》（GB 50500—2013）、《房屋建筑与装饰工程工程量计算规范》（GB 50854—2013），试列出该边坡支护的分部分项工程量清单（不考虑挂网及锚杆、喷射平台等内容）。

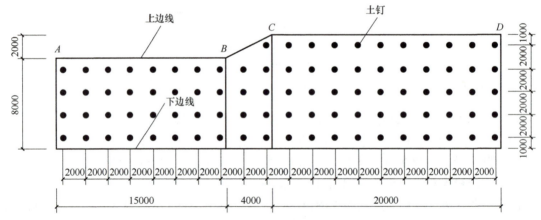

图3-6 AD段边坡立面图

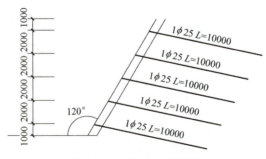

图3-7 AD段边坡剖面图

【分析与解答】

1）坡面斜长。如图 3-7 所示,边坡坡面与水平面成 60°角;由图 3-6 可见,AB 段坡面垂直高度为 8m,因此,由三角函数定义可知 AB 段坡面斜长为 $\left(8 \div \sin \dfrac{\pi}{3}\right)$。

2）土壤类别。由背景材料可知,地层为带块石的碎石土,由表 2-4 可知,该土层为四类土。

清单编制在表 3-9 已有正确列项的情况下,需按表 3-6 的提示,根据工程背景准确描述其项目特征。分部分项工程清单与计价见表 3-10。

表 3-9 清单工程量计算表（某边坡工程）

序号	项目编码	项目名称	计算式	计量单位	工程量合计
1	010202008001	土钉	$n = 91$ 根	根	91
2	010202009001	喷射混凝土、水泥砂浆	（1）AB 段： $S_1 = \left(8 \div \sin \dfrac{\pi}{3} \times 15\right) m^2 = 138.56 m^2$ （2）BC 段： $S_2 = \left[(10+8) \div 2 \div \sin \dfrac{\pi}{3} \times 4\right] m^2 = 41.57 m^2$ （3）CD 段： $S_3 = \left(10 \div \sin \dfrac{\pi}{3} \times 20\right) m^2 = 230.94 m^2$ $S = (138.56 + 41.57 + 230.94) m^2 = 411.07 m^2$	m^2	411.07

表 3-10 分部分项工程清单与计价表（某边坡工程）

序号	项目编码	项目名称	项目特征描述	计量单位	工程量	综合单价	合价
1	010202008001	土钉	1. 地层情况：四类土 2. 钻孔深度：10m 3. 钻孔直径：90mm 4. 置入方法：钻孔置入 5. 杆体材料品种、规格、数量：1 根 HRB335,$\phi 25mm$ 的钢筋 6. 浆液种类、强度等级：M30 水泥砂浆	根	91		
2	010202009001	喷射混凝土、水泥砂浆	1. 部位：AD 段边坡 2. 厚度：120mm 3. 材料种类：喷射混凝土 4. 混凝土（砂浆）种类、强度等级：C20	m^2	411.07		

【学习评价】

序号	评价内容	评价标准	评价结果			
			优秀	良好	合格	不合格
1	清单列项	能正确列出项目名称				
2	清单工程量计算	能正确计算地基处理和基坑支护的工程量				
3	分部分项工程项目清单	能根据工程背景准确描述项目特征				
		能准确填写清单编制表				
4		能否进行下一步学习	□能	□否		

任务 4

编制桩基工程量清单

【任务背景】

桩基础是由若干根桩和桩顶的承台组成的一种常用的深基础，具有承载能力大、抗震性能好、沉降量小的特点。按施工方法的不同，桩可分为预制桩和灌注桩。预制桩在工厂或施工现场制成，再用沉桩设备将桩打入、压入、振入土中。灌注桩是在施工现场的桩位上先成孔，然后在孔内加入钢筋并放入混凝土。按成孔方法不同，有钻孔、沉管等多种类型的灌注桩。本任务主要介绍桩基工程量清单的编制。

【任务目标】

1. 能正确描述打桩（预制桩）、灌注桩的工程量计算规则。
2. 能对桩基工程进行清单列项，能编制预制桩、灌注桩的工程量清单。
3. 培养学生锐意进取、敢于探究的奋斗精神和勇于担当的职业素养。

【任务实施】

包括编制打预制桩、灌注桩的清单等工作任务。

编制打预制桩的工程量清单
↓
编制灌注桩的工程量清单

1. 分析学习难点

1）理解桩基工程清单中预制桩、灌注桩等的区别。
2）理解打桩工作中沉桩、接桩、送桩的内涵和差异。
3）理解预制桩、灌注桩截（凿）桩头工程量计算规则，理解灌注桩空桩长度概念。

2. 条件需求与准备

1）《房屋建筑与装饰工程工程量计算规范》（GB 50854—2013）。
2）桩基础施工图。
3）其他相关的规范图集。

3. 操作时间安排

共计 4 课时，其中任务实操 2 课时，理论学习 2 课时。

4. 任务实操训练

（1）训练任务　识读电子资源附录二中某模具车间二桩基施工图 01-桩平面布置图。编制②轴上打桩的工程量清单。

（2）分析与解题过程

1）清单工程量计算。

① 计算打桩的清单工程量（同时分析接桩工程量及送桩深度）。

② 计算凿（截）桩头的工程量。

2）编制分部分项工程项目清单。填写清单工作量计算表（表4-1），根据工程背景正确描述其项目特征，依据《房屋建筑与装饰工程工程量计算规范》（GB 50854—2013）填写分部分项工程清单与计价表（表4-2）。

表 4-1　清单工程量计算表

序号	项目编码	项目名称	计算式	计量单位	工程量合计
1					
2					

表 4-2　分部分项工程清单与计价表

序号	项目编码	项目名称	项目特征描述	计量单位	工程量	综合单价	合价
1							
2							

【知识链接】

4.1　打桩

1. 清单项目设置

预制桩打桩工程量清单项目设置、项目特征描述的内容、计量单位及工程量计算规则应按表 4-3 的规定执行。

表 4-3　打桩（编号：010301）

项目编码	项目名称	项目特征描述	计量单位	工程量计算规则	工作内容
010301001	预制钢筋混凝土方桩	1. 地层情况 2. 送桩深度、桩长 3. 桩截面 4. 桩倾斜度 5. 沉桩方法 6. 接桩方式 7. 混凝土强度等级	1. m 2. m^3 3. 根	1. 以米计量，按设计图示尺寸以桩长（包括桩尖）计算 2. 以立方米计量，按设计图示截面面积乘以桩长（包括桩尖）以实体积计算 3. 以根计量，按设计图示数量计算	1. 工作平台搭拆 2. 桩机竖拆、移位 3. 沉桩 4. 接桩 5. 送桩

（续）

项目编码	项目名称	项目特征描述	计量单位	工程量计算规则	工作内容
010301002	预制钢筋混凝土管桩	1. 地层情况 2. 送桩深度、桩长 3. 桩外径、壁厚 4. 桩倾斜度 5. 沉桩方法 6. 桩尖类型 7. 混凝土强度等级 8. 填充材料种类 9. 防护材料种类			1. 工作平台搭拆 2. 桩机竖拆、移位 3. 沉桩 4. 接桩 5. 送桩 6. 填充材料、刷防护材料
010301003	钢管桩	1. 地层情况 2. 送桩深度、桩长 3. 材质 4. 管径、壁厚 5. 桩倾斜度 6. 沉桩方法 7. 填充材料种类 8. 防护材料种类	1. t 2. 根	1. 以吨计量，按设计图示尺寸以质量计算 2. 以根计量，按设计图示数量计算	1. 工作平台搭拆 2. 桩机竖拆、移位 3. 沉桩 4. 接桩 5. 送桩 6. 切割钢管、精割盖帽 7. 管内取土 8. 填充材料、刷防护材料
010301004	截（凿）桩头	1. 桩的类型 2. 桩头截面、高度 3. 混凝土强度等级 4. 有无钢筋	1. m³ 2. 根	1. 以立方米计量，按设计桩截面乘以桩头长度以体积计算 2. 以根计量，按设计图示数量计算	1. 截桩头 2. 凿平 3. 废料外运

2. 清单信息解读

1）地层情况按表2-4和《房屋建筑与装饰工程工程量计算规范》（GB 50854—2013）中的相关规定，并根据岩土工程勘察报告按单位工程各地层所占比例（包括范围值）进行描述。对无法准确描述的地层情况，可注明由投标人根据岩土工程勘察报告自行决定报价。

2）项目特征中的桩截面、混凝土强度等级、桩类型等可用标准图集代号或设计桩型进行描述。

3）预制方桩、管桩项目以成品桩编制，应包括成品桩购置费，如果用现场预制桩，应包括现场预制的所有费用。

4）打试验桩和打斜桩应按相应项目编码单独列项，并应在项目特征中注明试验桩或斜桩（斜率）。

5）桩基础的承载力检测、桩身完整性检测等费用按国家相关取费标准单独计算，不在本清单项目中。

6）沉桩方式，常见的有锤击沉桩和静力压桩两种。

7）桩尖的类型根据其构造和穿越土层能力的不同，分为 A 型、B 型、C 型、D 型、F 型等类型，多为钢筋混凝土、钢板或钢板混凝土构造。

8）接桩：按设计要求，按桩的总长分节预制，运至现场先将第一节桩打入，将第二节桩垂直吊起和第一节桩相连接后再继续打桩，逐节连接依次打入，节与节之间的连接为接桩。方桩的常用接桩方式有方桩包角钢、方桩包钢板；管桩常用接桩方式为"螺栓＋电焊"连接方式。

9）送桩：利用打桩机械和送桩器将预制桩打（或送）至地下设计要求的标高位置，这一过程称为送桩。送桩深度的工程量计算规则为：从自然地坪标高至桩顶面标高另加 500mm。

3. 预制桩的常见类型及编号

（1）方桩种类和编号

1）方桩种类。根据《预制混凝土方桩》（20G361）图集，钢筋混凝土方桩按沉桩方式分为锤击桩和静压桩两种，其代号分别为：钢筋混凝土锤击桩——ZH，钢筋混凝土静压桩——AZH；当桩身需要接桩时，钢筋混凝土方桩按接桩方法分为焊接桩和销接桩两种，其代号分别为：焊接桩——无脚注，如 ZH、AZH；销接桩——用脚注"x"表示，如 ZH_x、AZH_x。

钢筋混凝土方桩的桩尖类型有普通桩尖、带钢靴桩尖和无桩尖三种类型，其代号分别为：普通桩尖为"N"，带钢靴桩尖为"G"，无桩尖不注明代号。钢筋混凝土方桩为整根桩或上节桩时，用代号"S"表示。

2）方桩编号。

① 整根桩。钢筋混凝土锤击桩：ZH-×××A、B 或 C-××SN、SG 或 S；钢筋混凝土静压桩：AZH-×××A、B 或 C-××SN、SG 或 S。

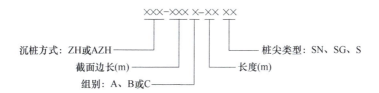

② 接桩。钢筋混凝土锤击桩：$ZH_{(或x)}$-×××A、B 或 C-××S、××、××N 或 G；钢筋混凝土静压桩：$AZH_{(或x)}$-×××A、B 或 C-××S、××、××N 或 G。

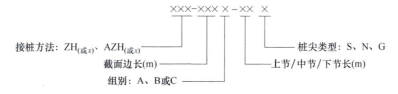

注：对于无桩尖钢筋混凝土方桩，其编号中不含桩尖类型符号。

（2）空心方桩代号与标记 根据《预应力混凝土空心方桩》（08SG360）图集，预应力高强混凝土空心方桩的代号为 PHS，预应力混凝土空心方桩的代号为 PS，桩型分 A 型、AB 型、B 型三种。

空心方桩的标记为：

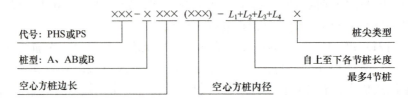

如 PHS-A450（250）-10+13+15c 表示的是：预应力高强混凝土 A 型空心方桩，空心方桩外边长 450mm，内径为 250mm，自上至下共三节桩，长度分别为 10m、13m、15m，C80 混凝土，桩尖类型为 c。

（3）管桩分类和编号　根据《预应力混凝土管桩》（苏 G03-2012）图集，管桩按桩身混凝土强度等级分为预应力高强混凝土管桩（代号 PHC）和预应力混凝土管桩（代号 PC），桩身混凝土强度等级分别不得低于 C80 和 C60。管桩按桩身混凝土有效预压应力值或其抗弯性能分为 A 型、AB 型、B 型 和 C 型四种。

管桩型号表示如下：

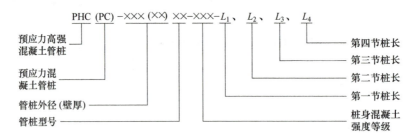

如 PHC-500（125）AB-C80-9、12、15 表示的是：预应力高强混凝土管桩，外径为 500mm，壁厚 125mm，AB 型桩，混凝土强度等级为 C80，第一、二、三节桩长分别为 9m、12m、15m。

4.2　灌注桩

1. 清单项目设置

灌注桩工程量清单项目设置、项目特征描述的内容、计量单位及工程量计算规则应按表 4-4 的规定执行。

2. 清单信息解读

1）地层情况按表 2-4 和《房屋建筑与装饰工程工程量计算规范》（GB 50854—2013）中的规定，并根据岩土工程勘察报告按单位工程各地层所占比例（包括范围值）进行描述。对无法准确描述的地层情况，可注明由投标人根据岩土工程勘察报告自行决定报价。

2）项目特征中的桩长应包括桩尖，空桩长度=孔深-桩长，孔深为自然地面至设计桩底的深度。

3）项目特征中的桩截面（桩径）、混凝土强度等级、桩类型等可直接用标准图代号或设计桩型进行描述。

4）泥浆护壁成孔灌注桩是指在泥浆护壁条件下成孔，采用水下灌注混凝土的桩。其成孔方法包括冲击钻成孔、冲抓锥成孔、回旋钻成孔、潜水钻成孔、泥浆护壁的旋挖成孔等。

表 4-4　灌注桩（编号：010302）

项目编码	项目名称	项目特征描述	计量单位	工程量计算规则	工作内容
010302001	泥浆护壁成孔灌注桩	1. 地层情况 2. 空桩长度、桩长 3. 桩径 4. 成孔方法 5. 护筒类型、长度 6. 混凝土种类、强度等级	1. m 2. m³ 3. 根	1. 以米计量，按设计图示尺寸以桩长（包括桩尖）计算 2. 以立方米计量，按不同截面在桩上范围内以体积计算 3. 以根计量，按设计图示数量计算	1. 护筒埋设 2. 成孔、固壁 3. 混凝土制作、运输、灌注、养护 4. 土方、废泥浆外运 5. 打桩场地硬化及泥浆池、泥浆沟
010302002	沉管灌注桩	1. 地层情况 2. 空桩长度、桩长 3. 复打长度 4. 桩径 5. 沉管方法 6. 桩尖类型 7. 混凝土种类、强度等级			1. 打（沉）拔钢管 2. 桩尖制作、安装 3. 混凝土制作、运输、灌注、养护
010302003	干作业成孔灌注桩	1. 地层情况 2. 空桩长度、桩长 3. 桩径 4. 扩孔直径、高度 5. 成孔方法 6. 混凝土种类、强度等级			1. 成孔、扩孔 2. 混凝土制作、运输、灌注、振捣、养护
010302004	挖孔桩土（石）方	1. 地层情况 2. 挖孔深度 3. 弃土（石）运距	m³	按设计图示尺寸（含护壁）截面面积乘以挖孔深度以立方米计算	1. 排地表水 2. 挖土、凿石 3. 基底钎探 4. 运输
010302005	人工挖孔灌注桩	1. 桩芯长度 2. 桩芯直径、扩底直径、扩底高度 3. 护壁厚度、高度 4. 护壁混凝土种类、强度等级 5. 桩芯混凝土种类、强度等级	1. m³ 2. 根	1. 以立方米计量，按桩芯混凝土体积计算 2. 以根计量，按设计图示数量计算	1. 护壁制作 2. 混凝土制作、运输、灌注、振捣、养护

(续)

项目编码	项目名称	项目特征描述	计量单位	工程量计算规则	工作内容
010302006	钻孔压浆桩	1. 地层情况 2. 空钻长度、桩长 3. 钻孔直径 4. 水泥强度等级	1. m 2. 根	1. 以米计量，按设计图示尺寸以桩长计算 2. 以根计量，按设计图示数量计算	钻孔、下注浆管、投放骨料、浆液制作、运输、压浆
010302007	灌注桩后压浆	1. 注浆导管材料、规格 2. 注浆导管长度 3. 单孔注浆量 4. 水泥强度等级	孔	按设计图示以注浆孔数计算	1. 注浆导管制作、安装 2. 浆液制作、运输、压浆

5）沉管灌注桩的沉管方法包括锤击沉管法、振动沉管法、振动冲击沉管法、内夯沉管法等。

6）干作业成孔灌注桩是指不用泥浆护壁和套管护壁的情况下，用钻机成孔后，下放钢筋笼，灌注混凝土的桩，适用于地下水位以上的土层使用。其成孔方法包括螺旋钻成孔、螺旋钻成孔扩底、干作业的旋挖成孔等。

7）桩基础的承载力检测、桩身完整性检测等费用按国家相关取费标准单独计算，不在本清单项目中。

8）混凝土灌注桩的钢筋笼制作、安装，按《房屋建筑与装饰工程工程量计算规范》附录 E 中相关项目编码列项。

4.3 典型实例

【实例1】预制桩工程量清单编制实例

某建筑物因地基土条件比较复杂，经反复研究，决定采用预制钢筋混凝土桩基础，桩混凝土强度等级为 C30，根据地质资料和设计情况，一、二类土约占 50%，三类土约占 35%，四类土约占 15%，预制桩形状如图 4-1 所示，桩各部位尺寸见表 4-5，采用焊接包钢板接桩。工程处于城市市区，沉桩方法为静力压桩。桩顶标高为 -1.950m，场地地坪标高 -0.450m。

4.3【实例1】预制桩工程量清单编制

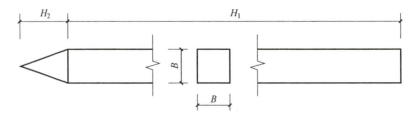

图 4-1 某工程预制桩形状示意图

表4-5　某建筑物预制桩基础明细表

桩类别	H_2/mm	H_1/mm	B/mm	试桩数	总根数	备注
桩A	6500	400	350	3	128	1节桩
桩B	19000	500	450	4	233	3节桩
桩C	30500	700	600	4	256	4节桩

根据以上背景资料及《建设工程工程量清单计价规范》（GB 50500—2013）、《房屋建筑与装饰工程工程量计算规范》（GB 50854—2013），试列出桩基的分部分项工程量清单并将清单编制成果填于表4-6中。

【分析与解答】

工程项目清单包括预制钢筋混凝土方桩压桩和截（凿）桩头两个清单项目；列项时，注意将试验桩分开列项。按规范规定，打桩项目包括成品桩购置费，如果用现场预制桩，应包括现场预制的所有费用，因此，桩的制作不再单独列项。

（1）清单工程量计算

1）桩A：预制钢筋混凝土方桩。

桩长 = 6.5m + 0.4m = 6.9m；送桩深度 = -0.450m - (-1.950m) + 0.5m = 2m

工程量 = SLN = (0.35 × 0.35) m² × 6.9m × 125 = 105.66m³

试验桩工程量 = SLN = (0.35 × 0.35) m² × 6.9m × 3 = 2.54m³

凿桩头：工程量以根计量，128根。

2）桩B：预制钢筋混凝土方桩。

桩长 = 19m + 0.5m = 19.5m；送桩长度 = -0.450m - (-1.950m) + 0.5m = 2m

工程量 = SLN = 0.45^2m² × 19.5m × 229 = 904.26m³

试验桩工程量 = SLN = 0.45^2m² × 19.5m × 4 = 15.80m³

凿桩头：工程量 = 233根。

3）桩C：分析过程同桩A、桩B。

（2）编制分部分项工程项目清单　分部分项工程清单与计价见表4-6（只列出桩A、桩B），并按表4-3的提示，根据工程背景准确描述其项目特征。

表4-6　分部分项工程清单与计价表（某建筑物预制桩工程）

序号	项目编码	项目名称	项目特征描述	计量单位	工程量	综合单价	合价
1	010301001001	预制钢筋混凝土方桩	1. 地层情况：一、二类土约占50%，三类土约占35%，四类土约占15% 2. 送桩深度2m，桩长=6.9m 3. 桩截面：350mm×350mm 4. 沉桩方法：静力压桩 5. 接桩方式：焊接包钢板 6. 混凝土强度等级：C30	m³	105.66		

(续)

序号	项目编码	项目名称	项目特征描述	计量单位	工程量	综合单价	合价
2	010301001002	预制钢筋混凝土方桩	1. 地层情况：一、二类土约占50%，三类土约占35%，四类土约占15% 2. 送桩深度2m，桩长=6.9m 3. 桩截面：350mm×350mm 4. 沉桩方法：静力压桩 5. 接桩方式：焊接包钢板 6. 混凝土强度等级：C30 7. 试验桩		2.54		
3	010301001003	预制钢筋混凝土方桩	1. 地层情况：一、二类土约占50%，三类土约占35%，四类土约占15% 2. 送桩深度2m，桩长=19.5m 3. 桩截面：450mm×450mm 4. 沉桩方法：静力压桩 5. 接桩方式：焊接包钢板 6. 混凝土强度等级：C30	m³	904.26		
4	010301001004	预制钢筋混凝土方桩	1. 地层情况：一、二类土约占50%，三类土约占35%，四类土约占15% 2. 送桩深度2m，桩长=19.5m 3. 桩截面：450mm×450mm 4. 沉桩方法：静力压桩 5. 接桩方式：焊接包钢板 6. 混凝土强度等级：C30 7. 试验桩		15.80		
5	010301004001	截（凿）桩头	1. 桩的类型：预制方桩 2. 桩头截面：0.12m² 3. 混凝土强度等级：C30 4. 有无钢筋：有	根	128		
6	010301004002	截（凿）桩头	1. 桩的类型：预制方桩 2. 桩头截面：0.20m² 3. 混凝土强度等级：C30 4. 有无钢筋：有		233		

【实例2】灌注桩工程量清单编制实例

某工程采用排桩进行基坑支护，排桩采用旋挖钻孔灌注桩进行施工。场地地面标高为495.50～496.10m，旋挖桩桩径为1000mm，桩长为20m，采用水下商品混凝土C30，桩顶标高为493.50m，桩数为206根，超灌高度不少于1m。根据地质情况，采用5mm厚钢护筒，护筒长度不少于3m。

根据地质资料和设计情况，一、二类土约占25%，三类土约占20%，四类土约占55%。

4.3 【实例2】灌注桩工程量清单编制

根据以上背景资料及《建设工程工程量清单计价规范》(GB 50500—2013)、《房屋建筑与装饰工程工程量计算规范》(GB 50854—2013),试列出该排桩分部分项工程量清单。

【分析与解答】

(1) 清单工程量计算分析 表4-3规定,截(凿)桩头项目的工程量可以 m^3、根为计量单位。表4-7计算中,采用 m^3 为计量单位。由题背景可知,每根桩的混凝土超灌高度不少于1m,因此截(凿)桩头长度按1m计算。表4-8中,截(凿)桩头项目特征描述"有无钢筋",是按工程常识给出的描述。

表4-4规定,泥浆护壁成孔灌注桩(挖桩)项目的工程量可以 m、m^3、根为计量单位。表4-8进行清单编制时,选择了"根"为其工程量的计量单位,此时,在其项目特征中需准确描述其桩径(1000mm)、桩长(20m)。

空桩长度为场地地面标高至桩顶标高的差值,本工程场地地面标高为495.50～496.10m,桩顶标高为493.50m,因此,空桩长度为2～2.6m不等。见表4-8泥浆护壁成孔灌注桩(挖桩)的项目特征描述。

(2) 编制分部分项工程量清单 清单编制在表4-7已有正确列项的情况下,根据工程背景准确描述其项目特征。分部分项工程清单与计价见表4-8。

表4-7 清单工程量计算表(某排桩工程)

序号	项目编码	项目名称	计算式	计量单位	工程量合计
1	010302001001	泥浆护壁成孔灌注桩	$n=206$ 根	根	206
2	010301004001	截(凿)桩头	$\pi \times 0.5m \times 0.5m \times 1m \times 206 = 161.79m^3$	m^3	161.79

表4-8 分部分项工程清单与计价表(某排桩工程)

序号	项目编码	项目名称	项目特征描述	计量单位	工程量	综合单价	合价
1	010302001001	泥浆护壁成孔灌注桩	1. 地层情况:一、二类土约占25%,三类土约占20%,四类土约占55% 2. 空桩长度:2～2.6m,桩长:20m 3. 桩径:1000mm 4. 成孔方法:旋挖钻孔 5. 护筒类型、长度:5mm厚钢护筒、不少于3m 6. 混凝土种类、强度等级:水下商品混凝土C30	根	206		
2	010301004001	截(凿)桩头	1. 桩类型:旋挖桩 2. 桩头截面、高度:1000mm、不少于1m 3. 混凝土强度等级:C30 4. 有无钢筋:有	m^3	161.79		

【学习评价】

序号	评价内容	评价标准	评价结果			
			优秀	良好	合格	不合格
1	清单列项	能正确列出项目名称				
2	清单工程量计算	能正确计算打桩工程的清单工程量				
3	分部分项工程项目清单	能根据工程背景准确描述项目特征				
		能准确填写清单编制表				
4		能否进行下一步学习		□能	□否	

任务 5

编制砌筑工程量清单

【任务背景】

房屋建造中，砖砌体材料的应用非常广泛。混合结构房屋中，通常使用砖砌体墙作为竖向承重构件；框架及框架剪力墙结构中，常使用砌块墙作为填充墙。房屋基础部位，经常使用砖砌带形基础。从砌筑工程所使用的块材分，砌体材料有砖、石、砌块等；从块材所使用的黏结材料来分，有水泥砂浆和混合砂浆等。本任务主要介绍砌筑工程量清单的编制。

【任务目标】

1. 能正确描述砖砌体（砖基础、实心砖墙）的工程量计算规则。
2. 能对砌体工程进行清单列项，能编制砖砌体的工程量清单。
3. 能描述绿色建筑中常用的一些墙体构造做法。
4. 培养学生节材、节能的绿色生活态度。

【任务实施】

包括编制砖砌体、砌块砌体、石砌体、垫层的清单等工作任务。

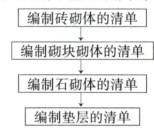

1. 分析学习难点

1) 理解基础和墙身的划分、砖基础大放脚的折加高度的确定方法。
2) 理解墙体长度、高度的确定方法。

2. 条件需求与准备

1)《房屋建筑与装饰工程工程量计算规范》(GB 50854—2013)。
2) 某工程的施工图（建筑平面图、梁柱平法施工图等）。
3) 其他相关的规范图集。

3. 操作时间安排

共计4课时，其中任务实操2课时，理论学习2课时。

4. 任务实操训练

识读电子资源附录一中某工程1#楼建筑施工图02-一层平面图及相关墙（柱）、梁平法施工图。编制首层①~③轴线与A~H轴线间卧室、卫生间相关砌体的分部分项工程量清单（不考虑预制内隔墙板）。

(1) 识读工程图，列出砌体的清单项目名称（注意内外墙分开列项）。

某工程1#楼建筑施工图02-一层平面图

（2）计算砌体的清单工程量
1）计算外墙清单工程量。

2）计算内墙清单工程量。

（3）编制分部分项工程项目清单 填写清单工程量计算表（表5-1），根据工程背景准确描述其项目特征，依据《房屋建筑与装饰工程工程量计算规范》（GB 50854—2013）填写分部分项工程清单与计价表（表5-2）。

表 5-1 清单工程量计算表

序号	项目编码	项目名称	计算式	计量单位	工程量合计
1					
2					

表 5-2 分部分项工程清单与计价表

序号	项目编码	项目名称	项目特征描述	计量单位	工程量	综合单价	合价
1							
2							

【知识链接】

5.1 砖砌体

1. 清单项目设置

砖砌体工程量清单项目设置、项目特征描述的内容、计量单位及工程量计算规则应按表5-3的规定执行。

表 5-3 砖砌体（编号：010401）

项目编码	项目名称	项目特征描述	计量单位	工程量计算规则	工作内容
010401001	砖基础	1. 砖品种、规格、强度等级 2. 基础类型 3. 砂浆强度等级 4. 防潮层材料种类	m^3	按设计图示尺寸以体积计算。包括附墙垛基础宽出部分体积，扣除地梁（圈梁）、构造柱所占体积，不扣除基础大放脚T形接头处的重叠部分及嵌入基础内的钢筋、铁件、管道、基础砂浆防潮层和单个面积≤$0.3m^2$的孔洞所占体积，靠墙暖气沟的挑檐不增加。 基础长度：外墙按外墙中心线，内墙按内墙净长线计算	1. 砂浆制作、运输 2. 砌砖 3. 防潮层铺设 4. 材料运输

（续）

项目编码	项目名称	项目特征描述	计量单位	工程量计算规则	工作内容
010401002	砖砌挖孔桩护壁	1. 砖品种、规格、强度等级 2. 砂浆强度等级	m³	按设计图示尺寸以立方米计算	1. 砂浆制作、运输 2. 砌砖 3. 材料运输
010401003	实心砖墙	1. 砖品种、规格、强度等级 2. 墙体类型 3. 砂浆强度等级、配合比	m³	按设计图示尺寸以体积计算。扣除门窗、洞口、嵌入墙内的钢筋混凝土柱、梁、圈梁、挑梁、过梁及凹进墙内的壁龛、管槽、暖气槽、消火栓箱所占体积，不扣除梁头、板头、檩头、垫木、木楞头、沿椽木、木砖、门窗走头、砖墙内加固钢筋、木筋、铁件、钢管及单个面积≤0.3m²的孔洞所占的体积。凸出墙面的腰线、挑檐、压顶、窗台线、虎头砖、门窗套的体积亦不增加。凸出墙面的砖垛并入墙体体积内计算 1. 墙长度：外墙按中心线、内墙按净长计算 2. 墙高度 （1）外墙：斜（坡）屋面无檐口天棚者算至屋面板底；有屋架且室内外均有天棚者算至屋架下弦底另加200mm；无天棚者算至屋架下弦底另加300mm，出檐宽度超过600mm时按实砌高度计算；有钢筋混凝土楼隔层者算至板顶。平屋算至钢筋混凝土板底 （2）内墙：位于屋架下弦者，算至屋架下弦底；无屋架者算至天棚底另加100mm；有钢筋混凝土楼板隔层者算至楼板顶；有框架梁时算至梁底 （3）女儿墙：从屋面板上表面算至女儿墙顶面（如有混凝土压顶时算至压顶下表面） （4）内、外山墙：按其平均高度计算 3. 框架间墙：不分内外墙按墙体净尺寸以体积计算 4. 围墙：高度算至压顶上表面（如有混凝土压顶时算至压顶下表面），围墙柱并入围墙体积内	1. 砂浆制作、运输 2. 砌砖 3. 刮缝 4. 砖压顶砌筑 5. 材料运输
010401004	多孔砖墙				
010401005	空心砖墙				

（续）

项目编码	项目名称	项目特征描述	计量单位	工程量计算规则	工作内容
010401006	空斗墙	1. 砖品种、规格、强度等级 2. 墙体类型 3. 砂浆强度等级、配合比	m³	按设计图示尺寸以空斗墙外形体积计算。墙角、内外墙交接处、门窗洞口立边、窗台砖、屋檐处的实砌部分体积并入空斗墙体积内	1. 砂浆制作、运输 2. 砌砖 3. 装填充料 4. 刮缝 5. 材料运输
010401007	空花墙			按设计图示尺寸以空花部分外形体积计算，不扣除空洞部分体积	
010401008	填充墙	1. 砖品种、规格、强度等级 2. 墙体类型 3. 填充材料种类及厚度 4. 砂浆强度等级、配合比		按设计图示尺寸以填充墙外形体积计算	
010401009	实心砖柱	1. 砖品种、规格、强度等级 2. 柱类型 3. 砂浆强度等级、配合比		按设计图示尺寸以体积计算。扣除混凝土及钢筋混凝土梁垫、梁头、板头所占体积	1. 砂浆制作、运输 2. 砌砖 3. 刮缝 4. 材料运输
010401010	多孔砖柱				
010401011	砖检查井	1. 井截面、深度 2. 砖品种、规格、强度等级 3. 垫层材料种类、厚度 4. 底板厚度 5. 井盖安装 6. 混凝土强度等级 7. 砂浆强度等级 8. 防潮层材料种类	座	按设计图示数量计算	1. 砂浆制作、运输 2. 铺设垫层 3. 底板混凝土制作、运输、浇筑、振捣、养护 4. 砌砖 5. 刮缝 6. 井池底、壁抹灰 7. 抹防潮层 8. 材料运输
010401012	零星砌砖	1. 零星砌砖名称、部位 2. 砖品种、规格、强度等级 3. 砂浆强度等级、配合比	1. m³ 2. m² 3. m 4. 个	1. 以立方米计量，按设计图示尺寸截面面积乘以长度计算 2. 以平方米计量，按设计图示尺寸水平投影面积计算 3. 以米计量，按设计图示尺寸长度计算 4. 以个计量，按设计图示数量计算	1. 砂浆制作、运输 2. 砌砖 3. 刮缝 4. 材料运输

(续)

项目编码	项目名称	项目特征描述	计量单位	工程量计算规则	工作内容
010401013	砖散水、地坪	1. 砖品种、规格、强度等级 2. 垫层材料种类、厚度 3. 散水、地坪厚度 4. 面层种类、厚度 5. 砂浆强度等级	m²	按设计图示尺寸以面积计算	1. 土方挖、运、填 2. 地基找平、夯实 3. 铺设垫层 4. 砌砖散水、地坪 5. 抹砂浆面层
010401014	砖地沟、明沟	1. 砖品种、规格、强度等级 2. 沟截面尺寸 3. 垫层材料种类、厚度 4. 混凝土强度等级 5. 砂浆强度等级	m	以米计量,按设计图示以中心线长度计算	1. 土方挖、运、填 2. 铺设垫层 3. 底板混凝土制作、运输、浇筑、振捣、养护 4. 砌砖 5. 刮缝、抹灰 6. 材料运输

2. 清单规则解读

1)"砖基础"项目适用于各种类型砖基础:柱基础、墙基础、管道基础等。

2)基础和墙身的划分:基础与墙(柱)身使用同一种材料的,以设计室内地坪为界,如图 5-1 所示,设计室内地坪以下为基础,以上为墙(柱)身,有地下室者,以地下室室内设计地坪为界,如图 5-2 所示;基础与墙身使用不同材料的,位于设计室内地面高度 ±300mm 以内时,以不同材料为分界线,位于设计室内地面高度 ±300mm 之外时,以设计室内地坪为分界线。

5.1 编制砖基础工程量清单

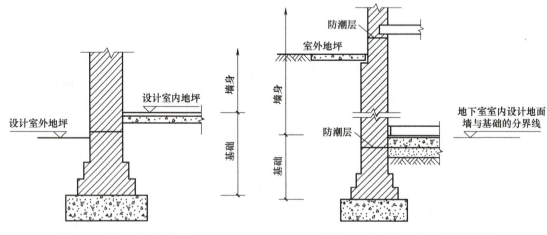

图 5-1 基础和墙身的划分   图 5-2 地下室基础和墙身的划分

3)砖围墙以设计室外地坪为界,以下为基础,以上为墙身。

4)墙体高度计算:外墙,斜(坡)屋面无檐口天棚者算至屋面板底,如图 5-3 所示;

有屋架且室内外均有天棚者算至屋架下弦底另加 200mm，如图 5-4 所示；无天棚者算至屋架下弦底另加 300mm，出檐宽度超过 600mm 时按实砌高度计算；有钢筋混凝土楼板隔层者算至板顶。平屋顶算至钢筋混凝土板底。

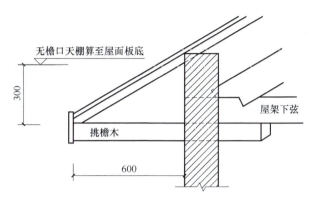

图 5-3　无檐口天棚外墙高度

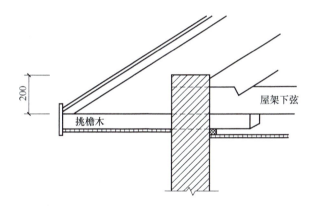

图 5-4　有屋架有天棚外墙高度

5）框架外表面的镶贴砖部分，按零星项目编码列项。

6）附墙烟囱、通风道、垃圾道应按设计图示尺寸以体积（扣除孔洞所占体积）计算并入所依附的墙体体积内。当设计规定孔洞内需抹灰时，应按《房屋建筑与装饰工程工程量计算规范》（GB 50854—2013）附录 M 中零星抹灰项目编码列项。

7）空斗墙的窗间墙、窗台下、楼板下、梁头下等的实砌部分，按零星砌砖项目编码列项。

8）"空花墙"项目适用于各种类型的空花墙，使用混凝土花格砌筑的空花墙，实砌墙体与混凝土花格应分别计算，混凝土花格按混凝土及钢筋混凝土中预制构件相关项目编码列项。

9）台阶、台阶挡墙、梯带、锅台、炉灶、蹲台、池槽、池槽腿、砖胎模、花台、花池、楼梯栏板、阳台栏板、地垄墙、≤0.3m² 的孔洞填塞等，应按零星砌砖项目编码列项。砖砌锅台与炉灶可按外形尺寸以个计算，砖砌台阶可按水平投影面积以平方米计算，小便槽、地垄墙可按长度计算、其他工程按立方米计算。

10）砖砌体内钢筋加固，应按《房屋建筑与装饰工程工程量计算规范》（GB 50854—2013）附录 E 中相关项目编码列项。

11）如施工图设计标注做法见标准图集时，应注明标注图集的编码、页号及节点大样。

5.2 砌块砌体

1. 清单项目设置

砌块砌体工程量清单项目设置、项目特征描述的内容、计量单位及工程量计算规则应按 5-4 的规定执行。

表 5-4 砌块砌体（编号：010402）

项目编码	项目名称	项目特征描述	计量单位	工程量计算规则	工作内容
010402001	砌块墙	1. 砌块品种、规格、强度等级 2. 墙体类型 3. 砂浆强度等级	m^3	按设计图示尺寸以体积计算。扣除门窗、洞口、嵌入墙内的钢筋混凝土柱、梁、圈梁、挑梁、过梁及凹进墙内的壁龛、管槽、暖气槽、消火栓箱所占体积，不扣除梁头、板头、檩头、垫木、木楞头、沿椽木、木砖、门窗走头、砌块墙内加固钢筋、木筋、铁件、钢管及单个面积≤$0.3m^2$ 的孔洞所占的体积。凸出墙面的腰线、挑檐、压顶、窗台线、虎头砖、门窗套的体积亦不增加。凸出墙面的砖垛并入墙体体积内计算。 1. 墙长度：外墙按中心线、内墙按净长计算。 2. 墙高度：按表 5-3 中实心砖墙的墙高度计算规则确定。 3. 框架间墙：不分内外墙按墙体净尺寸以体积计算 4. 围墙：高度算至压顶上表面（如有混凝土压顶时算至压顶下表面），围墙柱并入围墙体积内	1. 砂浆制作、运输 2. 砌砖、砌块 3. 勾缝 4. 材料运输
010402002	砌块柱			按设计图示尺寸以体积计算。扣除混凝土及钢筋混凝土梁垫、梁头、板头所占体积	

2. 清单规则解读

1）砌体内加筋、墙体拉结的制作、安装，应按《房屋建筑与装饰工程工程量计算规范》（GB 50854—2013）附录 E 中相关项目编码列项。

2）砌块排列应上、下错缝搭砌，如果搭错缝长度满足不了规定的压搭要求，应采取压砌钢筋网片的措施，具体构造要求按设计规定。若设计无规定时，应注明由投标人根据工程实际情况自行考虑。

3）砌体垂直灰缝宽 >30mm 时，采用 C20 细石混凝土灌实。灌注的混凝土应按《房屋建筑与装饰工程工程量计算规范》（GB 50854—2013）附录 E 相关项目编码列项。

5.3 石砌体

1. 清单项目设置

石砌体中的石基础、石勒脚的项目特征描述的内容、计量单位及工程量计算规则应按表 5-5 的规定执行。石墙、石台阶等项目的清单编制参照《房屋建筑与装饰工程工程量计算规范》（GB 50854—2013）中的相关内容。

表 5-5 石砌体（编号：010403）

项目编码	项目名称	项目特征描述	计量单位	工程量计算规则	工作内容
010403001	石基础	1. 石料种类、规格 2. 基础类型 3. 砂浆强度等级	m³	按设计图示尺寸以体积计算。包括附墙垛基础宽出部分体积，不扣除基础砂浆防潮层及单个面积≤0.3m² 的孔洞所占体积，靠墙暖气沟的挑檐不增加体积。基础长度：外墙按中心线，内墙按净长计算	1. 砂浆制作、运输 2. 吊装 3. 砌石 4. 防潮层铺设 5. 材料运输
010403002	石勒脚	1. 石料种类、规格 2. 石表面加工要求 3. 勾缝要求 4. 砂浆强度等级、配合比		按设计图示尺寸以体积计算，扣除单个面积 >0.3m² 的孔洞所占的体积	1. 砂浆制作、运输 2. 吊装 3. 砌石 4. 石表面加工 5. 勾缝 6. 材料运输

2. 清单规则解读

1）石基础、石勒脚、石墙的划分：基础与勒脚应以设计室外地坪为界。勒脚与墙身应以设计室内地面为界。石围墙内外地坪标高不同时，应以较低地坪标高为界，以下为基础；内外标高之差为挡土墙时，挡土墙以上为墙身。

2）"石基础"项目适用于各种规格（粗料石、细料石等）、各种材质（砂石、青石等）

和各种类型（柱基、墙基、直形、弧形等）基础。

3）"石勒脚""石墙"项目适用于各种规格（粗料石、细料石等）、各种材质（砂石、青石、大理石、花岗石等）和各种类型（直形、弧形等）勒脚和墙体。

4）石墙、石挡土墙、石柱、石栏杆、石台阶、石坡道等的清单编制参照《房屋建筑与装饰工程工程量计算规范》（GB 50854—2013）附录 D.3 中相关内容。

5.4 垫层

垫层工程量清单项目设置、项目特征描述的内容、计量单位及工程量计算规则应按表 5-6 的规定执行。除混凝土垫层应按《房屋建筑与装饰工程工程量计算规范》（GB 50854—2013）附录 E 中相关项目编码列项外，没有包括垫层要求的清单项目应按表 5-6 项目编码列项。例如：灰土垫层、楼地面等（非混凝土）垫层按垫层编码列项。

表 5-6 垫层（编号：010404）

项目编码	项目名称	项目特征描述	计量单位	工程量计算规则	工作内容
010404001	垫层	垫层材料种类、配合比、厚度	m³	按设计图示尺寸以立方米计算	1. 垫层材料的拌制 2. 垫层铺设 3. 材料运输

5.5 标准墙计算厚度

标准砖尺寸应为 240mm×115mm×53mm。标准砖墙厚度应按表 5-7 计算。

表 5-7 标准砖墙计算厚度表

砖数（厚度）	1/4	1/2	3/4	1	$1\frac{1}{2}$	2	$2\frac{1}{2}$	3
计算厚度/mm	53	115	180	240	365	490	615	740

5.6 典型实例

【实例1】基础垫层、砖基础的工程量清单编制实例

某工程 ±0.000 以下带形基础平面、剖面大样图如图 5-5 所示，室内外高差为 150mm。基础垫层采用 3∶7 灰土，现场拌和原槽浇筑，石基础部分采用青条石 1000mm×300mm×300mm、M7.5 水泥砂浆砌筑；砖基础部分采用 MU7.5 页岩标准砖、M5 水泥砂浆砌筑。

5.6【实例1】基础垫层、砖基础的工程量清单编制

根据以上背景资料及《建设工程工程量清单计价规范》（GB 50500—2013）、《房屋建筑与装饰工程工程量计算规范》（GB 50854—2013），试列出该工程基础垫层、石基础、砖基础的分部分项工程量清单。

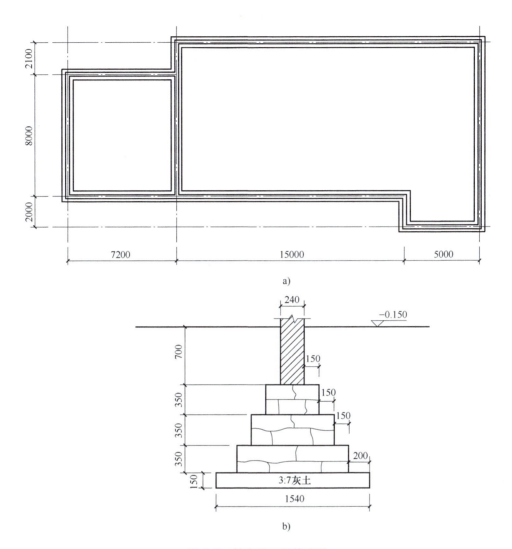

图 5-5 某房屋工程基础图
a) 基础平面图 b) 基础剖面图

【分析与解答】

1) 依据规范规定,灰土垫层应按表 5-6 "垫层"项目编码列项,见表 5-8。如图 5-5b 所示,该工程为 3:7 灰土垫层,垫层底宽为 1540mm,纵墙轴线与垫层中心线重合,因此,内横墙下垫层的净长 $L_{内} = 8\text{m} - 1.54\text{m} = 6.46\text{m}$。

2) 垫层、基础工程量计算中,均会使用到外墙中心线长度,如图 5-5a 所示,外纵墙中心线长度为 $(7.2 + 15 + 5)\text{m} = 27.2\text{m}$;外横墙中心线长度为 $(2 + 8 + 2.1)\text{m} = 12.1\text{m}$。因此 $L_{外} = (27.2 + 12.1)\text{m} \times 2 = 78.6\text{m}$。

3) 石基础为阶式,由图 5-5b 计算可得,从下至上三阶石基础的宽度分别为 1140mm、840mm、540mm。因此内横墙下三阶石基础的净长为 $L_{内1} = 8\text{m} - 1.14\text{m} = 6.86\text{m}$;$L_{内2} = 8\text{m} - 0.84\text{m} = 7.16\text{m}$;$L_{内3} = 8\text{m} - 0.54\text{m} = 7.46\text{m}$。

4）表 5-5 中规定，石基础工程量按设计图示尺寸以体积计算。如图 5-5 所示的三阶石基础的工程量计算见表 5-8 中石基础项目。

5）如图 5-5b 所示，砖基础厚度为 240mm，因此内横墙下基础净长 $L_内 = 8m - 0.24m = 7.76m$。由图 5-5b 还发现，基础和墙身使用同一种材料，依据表 5-3 的规则解读，基础与墙身使用同一种材料时，以设计室内地面为界，以下为基础，以上为墙身。室内地坪标高为 ±0.000，所以，砖基础的计算高度为（700 + 150）mm = 850mm，其中 150mm 为室内外高差值。砖基础的清单工程量计算见表 5-8 中砖基础项目。

6）该工程依次计算了垫层、石基础、砖基础的工程量，从过程看，内横墙下的这些构件的净长各不相同，训练时，需针对计算对象的不同，准确界定其净长，以确保工程量计算无误。

清单编制在表 5-8 已有正确列项的情况下，需按表 5-3～5-6 的提示，根据工程背景准确描述其项目特征。分部分项工程清单与计价见表 5-9。

表 5-8　砖基础的清单工程量计算表（某工程垫层、石基础、砖基础）

序号	项目编码	项目名称	计算式	计量单位	工程量合计
1	010404001001	垫层	$L_外 = (27.2 + 12.1)m \times 2 = 78.6m$ $L_内 = 8m - 1.54m = 6.46m$ $V = (78.6 + 6.46)m \times 1.54m \times 0.15m = 19.65m^3$	m^3	19.65
2	010403001001	石基础	$L_外 = 78.6m$ $L_{内1} = 8m - 1.14m = 6.86m$ $L_{内2} = 8m - 0.84m = 7.16m$ $L_{内3} = 8m - 0.54m = 7.46m$ $V = (78.6 + 6.86)m \times 1.14m \times 0.35m + (78.6 + 7.16)m \times 0.84m \times 0.35m + (78.6 + 7.46)m \times 0.54m \times 0.35m = 34.10m^3 + 25.21m^3 + 16.27m^3 = 75.58m^3$		75.58
3	010401001001	砖基础	$L_外 = 78.6m$ $L_内 = 8m - 0.24m = 7.76m$ $V = (78.6 + 7.76)m \times 0.24m \times 0.85m = 17.62m^3$		17.62

表 5-9　分部分项工程清单与计价表（某工程垫层、石基础、砖基础）

序号	项目编码	项目名称	项目特征描述	计量单位	工程量	综合单价	合价
1	010404001001	垫层	垫层材料种类、配合比、厚度：3:7 灰土，150mm 厚		19.65		
2	010403001001	石基础	1. 石料种类、规格：青条石，1000mm×300mm×300mm 2. 基础类型：带形基础 3. 砂浆强度等级：M7.5 水泥砂浆	m^3	75.58		

(续)

序号	项目编码	项目名称	项目特征描述	计量单位	工程量	综合单价	合价
3	010401001001	砖基础	1. 砖品种、规格、强度等级：页岩砖、240mm×115mm×53mm、MU7.5 2. 基础类型：带形基础 3. 砂浆强度等级：M5 水泥砂浆	m³	17.62		

【实例 2】 砌块墙的分部分项工程量清单编制实例

某框架结构房屋顶层的层高为 3.5m，②轴墙体以及门窗位置如图 5-6 所示，图中窗户 C1518 表示窗洞的大小是 1.5m×1.8m，平开门 M0921 表示门洞的尺寸为 0.9m×2.1m，构造柱（GZ）的截面尺寸为 200mm×200mm，框架柱（KZ）的截面尺寸均为 500mm×500mm，②轴在框架柱上方设有框架梁，截面尺寸为 200mm×700mm。框架柱纵横方向轴线与框架柱侧边的距离分别为 100mm 和 400mm。框架间砌体采用 M5.0 混合砂浆，200mm 厚 MU7.5 混凝土小型空心砌块砌筑，窗台高度 1000mm。门窗洞口上方如有独立设置的过梁，截面高度按 120mm 考虑。

5.6 【实例 2】砌块墙的分部分项工程量清单编制

根据以上背景资料及《建设工程工程量清单计价规范》（GB 50500—2013）、《房屋建筑与装饰工程工程量计算规范》（GB 50854—2013），试列出该工程②轴砌块墙的分部分项工程量清单。

【分析与解答】

1）砌体工程量。由表 5-4 工程量计算规则可知，框架间墙砌体工程量不分内外墙按墙体净尺寸以体积计算，应扣除门窗洞口、嵌入墙内的钢筋混凝土柱、梁、圈梁、挑梁、过梁等所占体积。

2）砌块墙净长。如图 5-6 所示，砌块墙净长为 8.0m – 0.4m×2 = 7.2m。

3）砌块墙净高。由背景材料可知，砌块墙净高为 3.5m – 0.7m = 2.8m，相应的规则是有框架梁时墙高算至框架梁梁底。

4）判断窗洞上方有无独立设置的过梁。由背景材料可知，窗台高度 1000mm，窗洞高度 1800mm，本层层高为 3500mm，框架梁梁高 700mm。窗洞顶与框架梁之间的距离为 3500m – 1000m – 1800m – 700m = 0。因此，窗洞上方没有独立设置的过梁。

5）计算门洞上方的过梁体积。过梁长度为 900mm + 250mm×2 = 1400mm，过梁的体积为 1.4m×0.2m×0.12m = 0.034m³。

6）计算构造柱的体积。构造柱的高度为 3500mm – 700mm = 2800mm，考虑构造柱与墙相交处的侧面留设马牙槎的要求，构造柱的混凝土体积为 0.2m×(0.2 + 0.03×2)m×2.8m = 0.146m³。

7）门窗洞所占体积分别为 0.9m×2.1m×0.2m = 0.378m³ 和 1.5m×1.8m×0.2m = 0.54m³。

清单编制在表 5-10 已有正确列项的情况下，需按表 5-4 的提示，根据工程背景准确描述其项目特征。分部分项工程清单与计价见表 5-11。

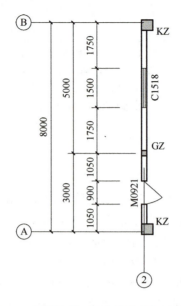

图 5-6 ②轴墙体、门窗构件平面示意图

表 5-10 清单工程量计算表（某工程②轴砌块墙）

序号	项目编码	项目名称	计算式	计量单位	工程量合计
1	010402001001	砌块墙	1. 过梁体积 $1.4m \times 0.2m \times 0.12m = 0.034m^3$ 2. 构造柱体积 $0.2m \times (0.2 + 0.03 \times 2)m \times 2.8m = 0.146m^3$ 3. 门洞所占体积 $0.9m \times 2.1m \times 0.2m = 0.378m^3$ 4. 窗洞所占体积 $1.5m \times 1.8m \times 0.2m = 0.54m^3$ 5. 砌体体积 $V = 7.2m \times 2.8m \times 0.2m - 0.034m^3 - 0.146m^3 - 0.378m^3 - 0.54m^3$ $= 2.93m^3$	m^3	2.93

表 5-11 分部分项工程清单与计价表（某工程②轴砌块墙）

序号	项目编码	项目名称	项目特征描述	计量单位	工程量	综合单价	合价
1	010402001001	砌块墙	1. 砌块品种、规格、强度等级：200mm 厚 MU7.5 混凝土小型空心砌块 2. 墙体类型：框架间墙 3. 砂浆强度等级：M5.0 混合砂浆	m^3	2.93		

【学习评价】

序号	评价内容	评价标准	评价结果			
			优秀	良好	合格	不合格
1	清单列项	能正确列出项目名称				
2	清单工程量计算	能正确计算砌筑工程的工程量				
3	分部分项工程项目清单	能根据工程背景准确描述项目特征				
		能准确填写清单编制表				
4		能否进行下一步学习	□能 □否			

任务 6

编制混凝土及钢筋混凝土工程量清单

任务6　编制混凝土及钢筋混凝土工程量清单

【任务背景】

钢筋及混凝土是房屋建筑工程中使用量最大的两种主要工程材料，常见的框架结构、框架-剪力墙（抗震墙）结构以及剪力墙结构的房屋中，都涉及大量的钢筋和混凝土的应用。基础分部工程中独立基础（桩承台）、带形基础、筏板基础以及地下室的外墙等，都离不开钢筋和混凝土的应用；上部主体结构中的柱、剪力墙、梁、板、楼梯、雨篷、阳台等通常都使用钢筋和混凝土材料。因此，当今的建筑业，钢筋和混凝土是其中的主要材料。

混凝土构件从施工方法分为现浇和预制两大类型。本任务主要学习现浇混凝土构件的清单编制。根据混凝土构件类别，将本任务分成3个子任务来学习。

子任务6.1　编制现浇混凝土基础工程量清单

【任务目标】

1. 能列出现浇混凝土基础的清单项目。
2. 能描述现浇混凝土基础的清单工程量计算规则。
3. 能计算现浇混凝土基础的清单工程量并编制工程量清单。
4. 培养细致耐心、精益求精的职业态度和担当奉献的职业精神。

【任务实施】

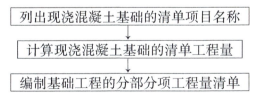

1. 分析学习难点

1）理解基础的空间形体建构及空间尺寸参数确定。
2）理解带形基础的计算长度及楔形体的体积计算。

2. 条件需求与准备

1）《房屋建筑与装饰工程工程量计算规范》（GB 50854—2013）。
2）某工程的基础施工图，包括基础平面布置图和基础大样图。
3）其他相关的规范图集。

3. 操作时间安排

共计4课时，其中任务实操2课时，理论学习2课时。

4. 任务实操训练

识读电子资源附录二中某模具车间二桩基施工图02——桩承台平面布置图及相关施工

图。编制基础工程的 CTJ01、CTJ02 的混凝土工程量清单（提示：不同形式及规格的承台分开列项；注意同一编号承台数量）。

（1）列出清单项目名称

（2）计算清单工程量
1）计算 CTJ01 的工程量。

2）计算 CTJ02 的工程量。

（3）编制分部分项工程项目清单 填写清单工程量计算表（表 6-1），并根据工程背景准确描述其项目特征，依据《房屋建筑与装饰工程工程量计算规范》（GB 50854—2013）填写分部分项工程清单与计价表（表 6-2）。

表 6-1 清单工程量计算表

序号	项目编码	项目名称	计算式	计量单位	工程量合计
1					
2					

表 6-2 分部分项工程清单与计价表

序号	项目编码	项目名称	项目特征描述	计量单位	工程量	综合单价	合价
1							
2							

【知识链接】

6.1.1 清单项目设置

现浇混凝土基础工程量清单项目设置、项目特征描述的内容、计量单位、工程量计算规则应按表 6-3 的规定执行。

表 6-3 现浇混凝土基础（编号：010501）

项目编码	项目名称	项目特征描述	计量单位	工程量计算规则	工作内容
010501001	垫层	1. 混凝土种类 2. 混凝土强度等级	m³	按设计图示尺寸以体积计算。不扣除伸入承台基础的桩头所占体积	1. 模板及支撑制作、安装、拆除、堆放、运输及清理模内杂物、刷隔离剂等 2. 混凝土制作、运输、浇筑、振捣、养护
010501002	带形基础				
010501003	独立基础				
010501004	满堂基础				
010501005	桩承台基础				
010501006	设备基础	1. 混凝土种类 2. 混凝土强度等级 3. 灌浆材料及其强度等级			

6.1.2 清单规则解读

1) 有肋带形基础、无肋带形基础应按表 6-3 中相关项目列项，并注明肋高。如图 6-1 所示，当肋高与肋宽之比在 4:1 之内时，按有肋带形基础列项；超过 4:1 时，其基础底板按无肋带形基础列项，基础扩大顶面以上按直形墙列项。

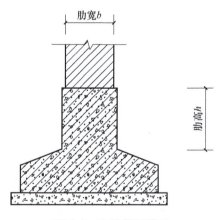

图 6-1 有肋带形基础

2) 箱式满堂基础（图 6-2）中柱、梁、墙、板按《房屋建筑与装饰工程工程量计算规范》（GB 50854—2013）中相关项目分别编码列项；箱式满堂基础底板按表 6-3 的满堂基础项目列项。

3) 框架式设备基础中柱、梁、墙、板分别按《房屋建筑与装饰工程工程量计算规范》（GB 50854—2013）中相关项目编码列项；基础部分按表 6-3 相关项目编码列项。

4) 基础如为毛石混凝土基础，项目特征应描述毛石所占比例。

5) 现浇构件的模板及支架。现浇混凝土及钢筋混凝土实体工程项目"工作内容"中的模板及支架的内容，若招标人不在措施项目清单中编列现浇混凝土模板项目清单，即综合单

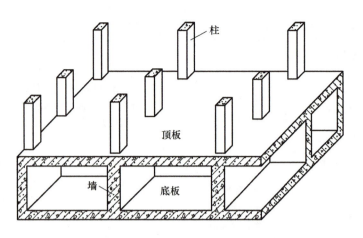

图 6-2 箱式满堂基础

价中应包含模板及支架。江苏工程量计算规范的宣贯意见规定，一般情况下，现浇混凝土模板不与混凝土合并，在措施项目中列项。只有预制混凝土构件的模板、市政工程的模板包含在相应的混凝土项目中。

6) 现浇或预制混凝土和钢筋混凝土构件，不扣除构件内钢筋、螺栓、预埋铁件、张拉孔道所占体积，但应扣除劲性骨架的型钢所占体积（下同）。其中劲性骨架的型钢混凝土梁是指用工字钢、H 型钢等热轧钢材与混凝土一起共同承担荷载的梁。

6.1.3 典型实例

【实例 1】某混凝土带形基础清单编制实例

某接待室为三类工程，其基础平面图、剖面图如图 6-3 所示。基础为 C25 钢筋混凝土带形基础，C15 素混凝土垫层，±0.000 以下基础墙采用混凝土标准砖砌筑，设计室外地坪为 −0.150m。施工组织设计规定，混凝土均采用预拌非泵送混凝土。招标文件规定，现浇混凝土构件实体项目不包含模板工程。

6.1.3 【实例 1】某混凝土带形基础清单编制

根据以上背景资料及《建设工程工程量清单计价规范》（GB 50500—2013）、《房屋建筑与装饰工程工程量计算规范》（GB 50854—2013），试列出该项目垫层、带形基础的分部分项工程量清单。

【分析与解答】

1) 外墙中心线总长度为 (14.4 + 12)m × 2 = 52.8m。

2) 垫层的清单工程量以体积计算，图 6-3 中带形基础下垫层的总长度分为两部分：外墙下垫层总长为 52.8m；内墙下垫层的总长度为垫层净长 (12 − 1.6)m × 2 + 4.8m − 1.6m = 24m。

3) 混凝土带形基础工程量以体积计算：包括断面为梯形的棱柱体和纵横基础交汇处的楔形两大部分。梯形棱柱体的长度计算：外墙按中心线长度，内墙取基础净长。②轴基础净长为 (12 − 1.4)m = 10.6m。楔形部分的相关参数可按照图 6-3 构建；如图 6-4 所示，楔形

任务6　编制混凝土及钢筋混凝土工程量清单

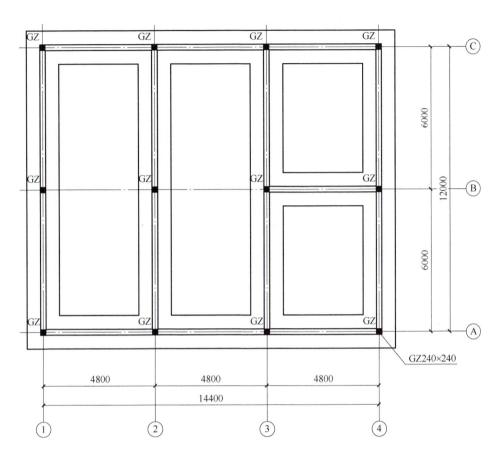

注：带形基础断面均为1—1

基础平面图 1:100

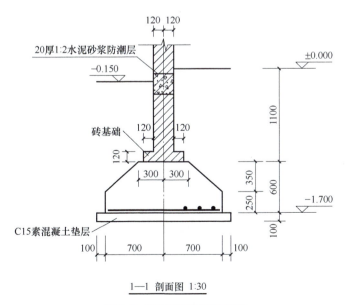

1—1 剖面图 1:30

图6-3　某工程基础施工图

部分的体积可按照式（6-1）计算。

$$\left[\frac{A}{2}+\frac{(B-A)/2}{3}\right]HL \qquad (6-1)$$

式中，A 为带形基础的顶部宽度；B 为带形基础的底部宽度；H 为带形基础断面中变截面部分的高度；L 为搭接部分的长度。

本例中，6个楔形搭接部分的体积为：$\left[\frac{0.6}{2}+\frac{(1.4-0.6)/2}{3}\right]m\times0.35m\times0.4m\times6=0.364m^3$。

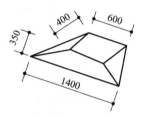

图 6-4 带形基础搭接部分的楔形示意图

4）编制分部分项工程项目清单。清单编制在表 6-4 已有正确列项的情况下，需按表 6-3 的提示，根据工程背景准确描述其项目特征。分部分项工程清单与计价见表 6-5。

表 6-4 清单工程计算表（某接待室）

序号	项目编码	项目名称	计算式	计量单位	工程量合计
1	010501001001	垫层	$V=1.6m\times0.1m\times[52.8+(12-1.6)\times2+(4.8-1.6)]m=12.29m^3$	m³	12.29
2	010501002001	带形基础	$V_{梯}=[1.4\times0.25+(0.6+1.4)\times0.35/2]m^2\times[52.8+(12-1.4)\times2+(4.8-1.4)]m$ $=54.18m^3$ $V_{楔}=(0.6/2+0.4/3)m\times0.35m\times0.4m\times6$ $=0.364m^3$ $V=V_{梯}+V_{楔}=54.18m^3+0.364m^3=54.54m^3$	m³	54.54

表 6-5 分部分项工程清单与计价表（某接待室）

序号	项目编码	项目名称	项目特征描述	计量单位	工程量	综合单价	合价
1	010501001001	垫层	1. 混凝土种类：预拌非泵送混凝土 2. 混凝土强度等级：C15	m³	12.29		
2	010501002001	带形基础	1. 混凝土种类：预拌非泵送混凝土 2. 混凝土强度等级：C25	m³	54.54		

【实例 2】 某混凝土独立基础清单编制实例

某三类建筑工程,基础 J-1 的详图如图 6-5 所示,同编号独立基础共有 25 个,基础混凝土采用 C35 预拌泵送混凝土,垫层采用 C15 预拌泵送混凝土。招标文件规定,现浇混凝土构件实体项目未包含模板工程。

6.1.3 【实例2】某混凝土独立基础清单编制

根据以上背景资料及《建设工程工程量清单计价规范》(GB 50500—2013)、《房屋建筑与装饰工程工程量计算规范》(GB 50854—2013),试列出该项目垫层、独立基础的分部分项工程量清单。

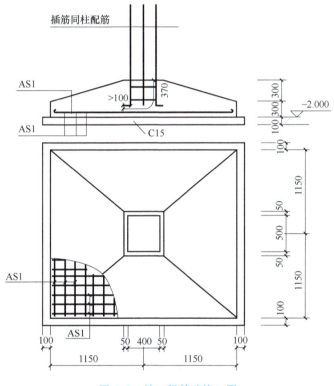

图 6-5 某工程基础施工图

【分析与解答】

1)确定该工程清单列项为:混凝土独立基础和混凝土垫层。

2)确定垫层的工程量:$V_{垫} = (2.3m + 0.1m \times 2)^2 \times 0.1m \times 25 = 0.625m^3 \times 25 = 15.63m^3$。

3)确定独立基础的工程量:独立基础的体积为下方的四棱柱体积+上方的四棱台体积。四棱柱部分的工程量:通过图纸看出四棱柱底部长、宽为 2.3m,高度为 0.3m,单个四棱柱部分的工程量 $V_{棱柱1} = 底面积 \times 高 = 2.3m \times 2.3m \times 0.3m = 1.587m^3$。

四棱台的体积可按式(6-2)计算。

$$V = \frac{H}{6}[AB + ab + (A+a)(B+b)] \qquad (6-2)$$

式中,H 为四棱台的高度;A、B 为四棱台底面的长和宽;a、b 为四棱台顶面的长和宽。

本例中，通过对图纸的分析，可以看出棱台底面的长、宽均为2.3m，顶面的长、宽分别为（0.4+0.1）m、（0.5+0.1）m，四棱台高为0.3m。单个四棱台工程量 $V_{棱台1}$ = 0.3m/6×[2.3^2+0.5×0.6+(2.3+0.5)×(2.3+0.6)] m^2 = 0.69m^3。

单个独立基础工程量 $V = V_{棱柱1} + V_{棱台1}$ = 1.587m^3 + 0.69m^3 = 2.277m^3。

4）编制分部分项工程项目清单。清单编制在表6-6已有正确列项的情况下，需按表6-3的提示，根据工程背景准确描述其项目特征。分部分项工程清单与计价见表6-7。

表6-6 清单工程计算表（某三类建筑工程）

序号	项目编码	项目名称	计算式	计量单位	工程量合计
1	010501001001	垫层	$V_{垫}$ = $(2.3m+0.1m×2)^2$×0.1m×25 = 0.625m^3×25 = 15.63m^3	m^3	15.63
2	010501003001	独立基础	$V_{独}$ = 25×($V_{棱柱1}$+$V_{棱台1}$) = 25×(1.587+0.69)m^3 = 56.93m^3	m^3	56.93

表6-7 分部分项工程清单与计价表（某三类建筑工程）

序号	项目编码	项目名称	项目特征描述	计量单位	工程量	综合单价	合价
1	010501001001	垫层	1. 混凝土种类：预拌泵送混凝土 2. 混凝土强度等级：C15	m^3	15.63		
2	010501003001	独立基础	1. 混凝土种类：预拌泵送混凝土 2. 混凝土强度等级：C35		56.93		

【实例3】某等边三桩承台清单编制实例

某三类建筑工程，其等边三桩承台如图6-6所示，基础混凝土采用C30预拌泵送混凝土。招标文件规定，现浇混凝土构件实体项目未包含模板工程。

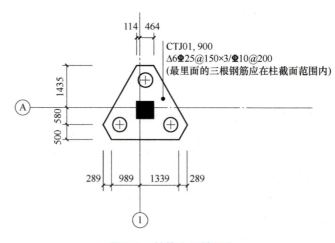

图6-6 某等边三桩承台

根据以上背景资料及《建设工程工程量清单计价规范》(GB 50500—2013)、《房屋建筑与装饰工程工程量计算规范》(GB 50854—2013),试列出该项目桩承台基础的分部分项工程量清单。

【分析与解答】

1)等边三角形的面积可按高 h 计算,表达式为:$S = \dfrac{h^2}{\sqrt{3}}$。

2)计算承台清单工程量。如图 6-6 所示三桩承台,承台平面是一个大的等边三角形(三角形高 = 500mm + 580mm + 1435mm + 500mm = 3015mm)在三个顶点处切去三个高为 500mm 的小的等边三角形而成。由图可知,承台的厚度为 900mm。

$$V_{\mathrm{CT}} = \left(\dfrac{H^2}{\sqrt{3}} - 3 \times \dfrac{h^2}{\sqrt{3}}\right) \times 0.9 = \left(\dfrac{3.015^2}{\sqrt{3}} - 3 \times \dfrac{0.5^2}{\sqrt{3}}\right)\mathrm{m}^2 \times 0.9\mathrm{m} = 4.33\mathrm{m}^3$$

3)编制分部分项工程项目清单。清单编制在表 6-8 已有正确列项的情况下,需按表 6-3 的提示,根据工程背景准确描述其项目特征。分部分项工程清单与计价见表 6-9。

表 6-8 清单工程计算表(某等边三桩承台)

序号	项目编码	项目名称	计算式	计量单位	工程量合计
1	010501005001	桩承台基础	$V_{\mathrm{CT}} = \left(\dfrac{H^2}{\sqrt{3}} - 3 \times \dfrac{h^2}{\sqrt{3}}\right) \times 0.9\mathrm{m}$ $= \left(\dfrac{3.015^2}{\sqrt{3}} - 3 \times \dfrac{0.5^2}{\sqrt{3}}\right)\mathrm{m}^2 \times 0.9\mathrm{m} = 4.33\mathrm{m}^3$	m³	4.33

表 6-9 分部分项工程清单与计价表(某等边三桩承台)

序号	项目编码	项目名称	项目特征描述	计量单位	工程量	综合单价	合价
1	010501005001	桩承台基础	1. 混凝土种类:预拌泵送混凝土 2. 混凝土强度等级:C30	m³	4.33		

【学习评价】

序号	评价内容	评价标准	评价结果			
			优秀	良好	合格	不合格
1	清单列项	能正确列出项目名称				
2	清单工程量计算	能正确计算混凝土基础的工程量				
3	分部分项工程项目清单	能根据工程背景准确描述项目特征				
		能准确填写清单编制表				
4		能否进行下一步学习	□能		□否	

子任务6.2 编制现浇混凝土柱、墙、梁、板工程量清单

【任务目标】

1. 能描述现浇混凝土柱、墙、梁、板的清单工程量计算规则。
2. 能计算现浇混凝土柱、墙、梁、板的清单工程量,并编制清单。
3. 培养学生逻辑思维能力和严谨细致、精益求精的职业精神。

【任务实施】

```
列出现浇混凝土柱、墙、梁、板等构件的清单项目名称
            ↓
计算现浇混凝土柱、墙、梁、板等的清单工程量
            ↓
编制现浇混凝土柱、墙、梁、板等的工程量清单
```

1. 分析学习难点

1)能依据规范对现浇混凝土柱、墙、梁、板进行清单列项。
2)理解柱、墙高度以及梁长度的确定。
3)理解矩形柱与异形柱、有梁板与无梁板及平板的区别。
4)能描述柱、墙、梁、板的清单工程量计算规则。
5)能编制柱、墙、梁、板的工程量清单。

2. 条件需求与准备

1)《房屋建筑与装饰工程工程量计算规范》(GB 50854—2013)。
2)某工程结构施工图,包括墙、柱平面布置图,梁、板平法施工图。
3)其他相关的规范图集。

3. 操作时间安排

共计6课时,其中任务实操3课时,理论学习3课时。

4. 任务实操训练

某加油库示意图如图6-7所示,三类工程,全现浇框架结构,柱、梁、板混凝土均为预拌非泵送C25混凝土,模板采用复合木模板。柱截面尺寸为500mm×500mm,L1梁截面为250mm×550mm,L2梁截面尺寸为250mm×500mm,现浇板厚为100mm。轴线尺寸为柱和梁中心线尺寸。招标文件规定,现浇混凝土构件实体项目不包含模板工程。

根据以上背景资料及《建设工程工程量清单计价规范》(GB 50500—2013)、《房屋建筑与装饰工程工程量计算规范》,试编制该工程混凝土柱、矩形梁、有梁板的分部分项工程量清单,并将编制成果填于表6-10中。

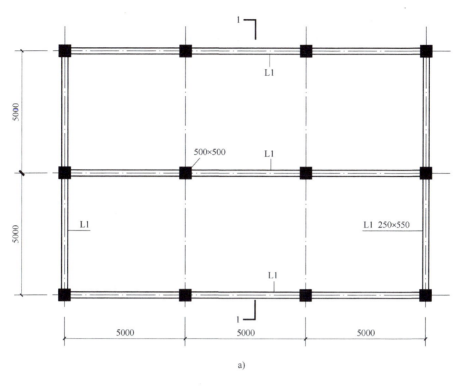

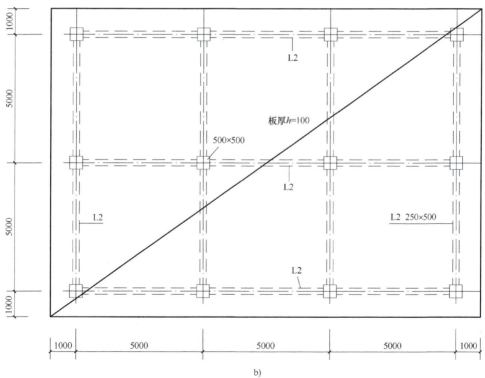

图 6-7 某加油库示意图

a) 标高 6.000m 处结构平面图 b) 标高 10.000m 处结构平面图

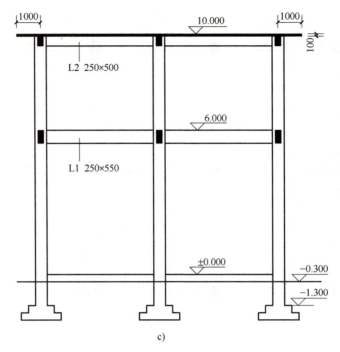

图 6-7 某加油库示意图（续）
c) 1—1 剖面图

(1) 编制该工程混凝土柱的工程量清单
1) 柱的清单项目名称：_____。
2) 柱截面尺寸为_____；柱高尺寸为_____。
3) 计算柱清单工程量。

(2) 编制该工程混凝土梁、板的工程量清单
1) 标高 6.000m 处。
① L1 为_____（矩形梁/有梁板中的梁）；L1 的清单项目名称：
② 计算 L1 的清单工程量。
2) 标高 10.000m 处。
① L2 为_____（矩形梁/有梁板中的梁）；L2 的清单项目名称：
② 计算 L2 的清单工程量。
③ 现浇板为_____（平板/有梁楼中的板）；现浇板的清单项目名称：
④ 计算现浇板的清单工程量。
⑤ L2 和现浇板_____（应该/不应该）合并列项。
(3) 编制分部分项工程项目清单　填写清单工程量计算表（表6-11），根据工程背景准确描述其项目特征，依据《房屋建筑与装饰工程工程量计算规范》（GB 50854—2013）填写分部分项工程清单与计价表（表6-10）。

表6-10 分部分项工程清单与计价表

序号	项目编码	项目名称	项目特征描述	计量单位	工程量	综合单价	合价
1							
2							
3							

表6-11 清单工程量计算表

序号	项目编码	项目名称	计算式	计量单位	工程量合计
1					
2					
3					

【知识链接】

6.2.1 现浇混凝土柱

1. 清单项目设置

现浇混凝土柱工程量清单项目设置、项目特征描述的内容、计量单位、工程量计算规则应按表6-12的规定执行。

6.2.1 编制框架结构的柱、梁、板混凝土工程量清单

表6-12 现浇混凝土柱（编号：010502）

项目编码	项目名称	项目特征描述	计量单位	工程量计算规则	工作内容
010502001	矩形柱	1. 混凝土种类 2. 混凝土强度等级	m^3	按设计图示尺寸以体积计算 柱高： 1. 有梁板的柱高，应自柱基上表面（或楼板上表面）至上一层楼板上表面之间的高度计算 2. 无梁板的柱高，应自柱基上表面（或楼板上表面）至柱帽下表面之间的高度计算 3. 框架柱的柱高：应自柱基上表面至柱顶高度计算 4. 构造柱按全高计算，嵌接墙体部分（马牙槎）并入柱身体积 5. 依附柱上的牛腿和升板的柱帽，并入柱身体积计算	1. 模板及支架（撑）制作、安装、拆除、堆放、运输及清理模内杂物、刷隔离剂等 2. 混凝土制作、运输、浇筑、振捣、养护
010502002	构造柱				
010502003	异形柱	1. 柱形状 2. 混凝土种类 3. 混凝土强度等级			

2. 清单规则解读

1）混凝土种类指清水混凝土、彩色混凝土等，如在同一地区既使用预拌（商品）混凝土，又允许现场搅拌混凝土时，也应注明。

2）钢筋混凝土柱与柱下独立基础在基础上表面分界，如图6-8所示。

3）有梁板柱高依照规则，按图6-9确定。

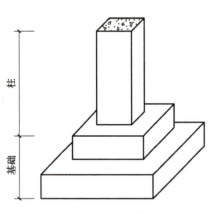

图6-8 柱与基础的划分示意图

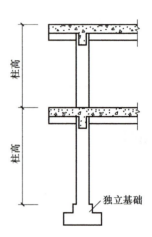

图6-9 有梁板柱高示意图

4）无梁板柱高依照规则，按图6-10确定。

5）框架柱柱高依照规则，按图6-11确定。

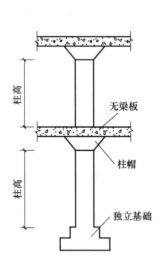

图6-10 无梁板柱高示意图

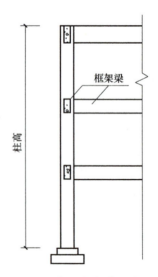

图6-11 框架柱柱高示意图

6）构造柱与砖墙嵌接部分（马牙槎）并入柱身体积，如图6-12和图6-13所示。一字形直墙，当墙厚为240mm时，构造柱的体积：

$$V = 构造柱高 \times (0.24\text{m} \times 0.24\text{m} + 0.03\text{m} \times 墙厚 \times 马牙槎面数)$$

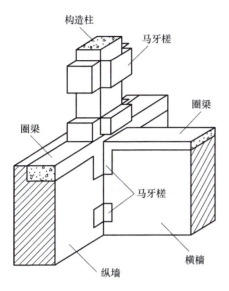
图 6-12 构造柱与砖墙嵌接示意图

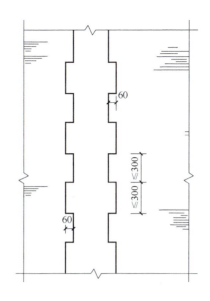
图 6-13 构造柱立面示意图

6.2.2 现浇混凝土梁

1. 清单项目设置

现浇混凝土梁工程量清单项目设置、项目特征描述的内容、计量单位、工程量计算规则应按表 6-13 的规定执行。

表 6-13 现浇混凝土梁（编号：010503）

项目编码	项目名称	项目特征描述	计量单位	工程量计算规则	工作内容
010503001	基础梁	1. 混凝土种类 2. 混凝土强度等级	m^3	按设计图示尺寸以体积计算。伸入墙内的梁头、梁垫并入梁体积内 梁长： 1. 梁与柱连接时，梁长算至柱侧面 2. 主梁与次梁连接时，次梁长算至主梁侧面	1. 模板及支架（撑）制作、安装、拆除、堆放、运输及清理模内杂物、刷隔离剂等 2. 混凝土制作、运输、浇筑、振捣、养护
010503002	矩形梁				
010503003	异形梁				
010503004	圈梁				
010503005	过梁				
010503006	弧形、拱形梁				

2. 清单规则解读

1）梁与柱连接时，梁长计算如图 6-14 所示。

2）主梁与次梁连接时，次梁长计算如图 6-15 所示。

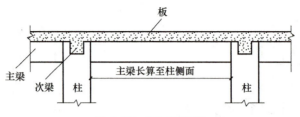

图 6-14　梁与柱连接

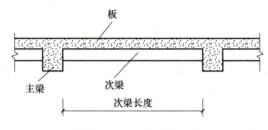

图 6-15　主梁与次梁连接

6.2.3　现浇混凝土墙

1. 清单项目设置

现浇混凝土墙工程量清单项目设置、项目特征描述的内容、计量单位、工程量计算规则应按表 6-14 的规定执行。

表 6-14　现浇混凝土墙（编号：010504）

项目编码	项目名称	项目特征描述	计量单位	工程量计算规则	工作内容
010504001	直形墙	1. 混凝土种类 2. 混凝土强度等级	m³	按设计图示尺寸以体积计算。扣除门窗洞口及单个面积 > 0.3m² 的孔洞所占体积，墙垛及凸出墙面部分并入墙体体积计算	1. 模板及支架（撑）制作、安装、拆除、堆放、运输及清理模内杂物、刷隔离剂等 2. 混凝土制作、运输、浇筑、振捣、养护
010504002	弧形墙				
010504003	短肢剪力墙				
010504004	挡土墙				

2. 清单规则解读

短肢剪力墙是指截面厚度不大于 300mm、各肢截面高度与厚度之比的最大值大于 4 但不大于 8 的剪力墙；各肢截面高度与厚度之比的最大值不大于 4 的剪力墙按柱项目编码列项。

6.2.4　现浇混凝土板

1. 清单项目设置

现浇混凝土板工程量清单项目设置、项目特征描述的内容、计量单位、工程量计算规则应按表 6-15 的规定执行。

任务6 编制混凝土及钢筋混凝土工程量清单

表 6-15 现浇混凝土板（编号：010505）

项目编码	项目名称	项目特征描述	计量单位	工程量计算规则	工作内容
010505001	有梁板	1. 混凝土种类 2. 混凝土强度等级	m³	按设计图示尺寸以体积计算，不扣除单个面积≤0.3m²的柱、垛以及孔洞所占体积 压形钢板混凝土楼板扣除构件内压形钢板所占体积 有梁板（包括主、次梁与板）按梁、板体积之和计算，无梁板按板和柱帽体积之和计算，各类板伸入墙内的板头并入板体积内，薄壳板的肋、基梁并入薄壳体积内计算	1. 模板及支架（撑）制作、安装、拆除、堆放、运输及清理模内杂物、刷隔离剂等 2. 混凝土制作、运输、浇筑、振捣、养护
010505002	无梁板				
010505003	平板				
010505004	拱板				
010505005	薄壳板				
010505006	栏板				
010505007	天沟（檐沟）、挑檐板			按设计图示尺寸以体积计算	
010505008	雨篷、悬挑板、阳台板			按设计图示尺寸以墙外部分体积计算，包括伸出墙外的牛腿和雨篷反挑檐的体积	
010505009	空心板			按设计图示尺寸以体积计算。空心板（GBF高强薄壁蜂巢芯板）应扣除空心部分体积	
010505010	其他板			按设计图示尺寸以体积计算	

2. 清单规则解读

1）现浇钢筋混凝土楼盖从荷载传递路径一般分为两种类型：有梁（肋形）楼盖（图6-16）和无梁楼盖（图6-10），二者在表6-15中分别按照有梁板和无梁板列项。

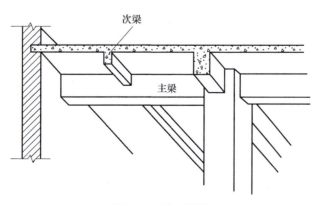

图 6-16 肋形楼盖

2) 现浇挑檐、天沟板、雨篷、阳台与板（包括屋面板、楼板）连接时，以外墙外边线为分界线；与圈梁（包括其他梁）连接时，以梁外边线为分界线，外边线以外为挑檐、天沟、雨篷或阳台，如图 6-17 所示。

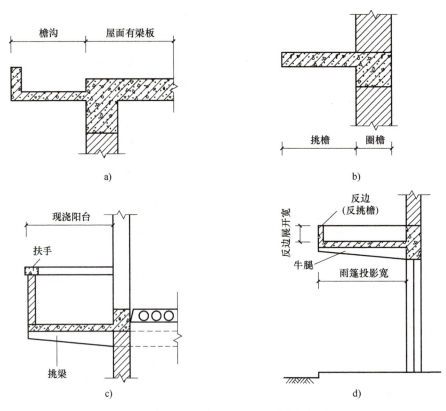

图 6-17 现浇檐沟、挑檐、阳台、雨篷与梁、墙的划分
a) 檐沟 b) 挑檐 c) 阳台 d) 雨篷

6.2.5 典型实例

【实例 1】 钢筋混凝土框架清单编制实例

某工程钢筋混凝土框架（KJ1）2 榀，尺寸如图 6-18 所示，混凝土强度等级柱为 C40，梁为 C30，混凝土采用预拌泵送混凝土，由施工企业自行采购。根据招标文件要求，现浇混凝土构件实体项目不包含模板工程。

6.2.5【实例 1】钢筋混凝土框架清单编制

根据以上背景资料及《建设工程工程量清单计价规范》（GB 50500—2013）、《房屋建筑与装饰工程工程量计算规范》（GB 50854—2013），试列出该钢筋混凝土框架（KJ1）柱、梁的分部分项工程量清单。

【分析与解答】

1) 如图 6-18a 所示，1—1、2—2 柱截面尺寸为 400mm×400mm，柱高为 4000mm；3—3 柱截面尺寸为 400mm×250mm，柱高为 800mm，柱的清单工程量计算见表 6-16。

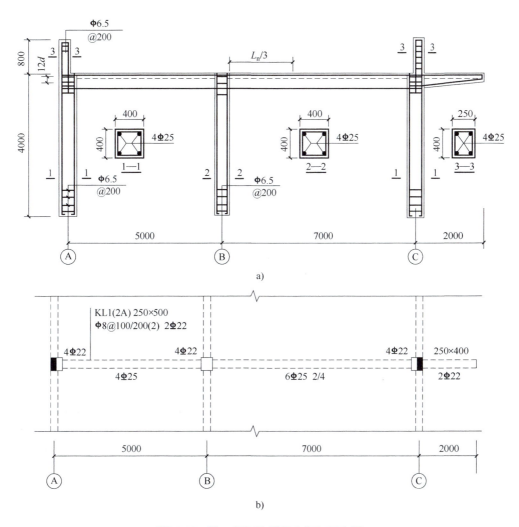

图 6-18 某工程钢筋混凝土框架示意图
a) 框架柱立面大样图 b) 框架梁平法施工图

2) 由表 6-13 工程量计算规则可知,梁与柱连接时,梁长算至柱侧面;不扣除构件内钢筋所占体积。如图 6-18 所示,轴线居于柱中,因此,AB 跨、BC 跨以及悬挑段梁的净长分别为 4.6m、6.6m 和 1.8m。梁的清单工程量计算见表 6-16。

3) 由背景条件可知,现浇混凝土构件实体项目不包含模板工程,在措施项目清单中现浇混凝土模板项目单独列项。

4) 由表 6-12 和表 6-13 可知,矩形柱、矩形梁混凝土的项目特征描述:一是混凝土种类;二是混凝土强度等级,两项内容对混凝土项目价值影响较大,务必描述准确,见表 6-17。

5) 编制分部分项工程项目清单。清单编制在表 6-16 已有正确列项的情况下,需按表 6-12、表 6-13 的提示,根据工程背景准确描述其项目特征。分部分项工程清单与计价见表 6-17。

表6-16 清单工程计算表（柱、梁）

序号	项目编码	项目名称	计算式	计量单位	工程量合计
1	010502001001	矩形柱	$V = (0.4 \times 0.4 \times 4 \times 3 + 0.4 \times 0.25 \times 0.8 \times 2)\,m^3 \times 2 = 4.16\,m^3$	m^3	4.16
2	010503002001	矩形梁	$V_1 = (4.6 \times 0.25 \times 0.5 + 6.6 \times 0.25 \times 0.5)\,m^3 \times 2 = 2.8\,m^3$ $V_2 = (0.25 \times 0.4 \times 1.8)\,m^3 \times 2 = 0.36\,m^3$ $V = 2.8\,m^3 + 0.36\,m^3 = 3.16\,m^3$		3.16

表6-17 分部分项工程清单与计价表（柱、梁）

序号	项目编码	项目名称	项目特征描述	计量单位	工程量	综合单价	合价
1	010502001001	矩形柱	1. 混凝土种类：预拌泵送混凝土 2. 混凝土强度等级：C40	m^3	4.16		
2	010503002001	矩形梁	1. 混凝土种类：预拌泵送混凝土 2. 混凝土强度等级：C30		3.16		

【实例2】钢筋混凝土有梁板清单编制实例

某工程局部四层屋顶结构如图6-19所示，梁板顶标高为15.250m。轴线均与梁中心线重合，KZ截面尺寸为500mm×500mm，板厚为120mm。梁板混凝土强度等级均为C30，采用非泵送商品混凝土。招标文件规定，现浇混凝土构件实体项目不包含模板工程。

根据以上背景资料及《建设工程工程量清单计价规范》（GB 50500—2013）、《房屋建筑与装饰工程工程量计算规范》（GB 50854—2013），试列出该钢筋混凝土有梁板的分部分项工程量清单。

6.2.5 【实例2】钢筋混凝土有梁板清单编制

【分析与解答】

1) 规则规定，有梁板（包括主、次梁与板）按梁、板体积之和计算，不扣除构件内钢筋、预埋铁件及单个面积≤0.3m² 的柱、垛以及孔洞所占体积。

2) 板混凝土体积：由图6-19a可知，板的外轮廓尺寸为6.2m、8.2m，因此板的混凝土工程量为$6.2\,m \times 8.2\,m \times 0.12\,m = 6.101\,m^3$。

3) ②轴、½轴、③轴WKL混凝土体积：由图6-19b可知，三根轴线上框架梁截面尺寸相同，故合并计算。计算时梁长算至柱侧面，梁高按扣去板厚计算。

4) B轴WKL混凝土体积：注意集中标注与原位标注，分段列出计算表达式。

5) 单个框架柱柱头的面积$0.5\,m \times 0.5\,m = 0.25\,m^2 < 0.3\,m^2$，因此梁板混凝土体积之和不扣除柱头所占体积。

6) 编制分部分项工程项目清单。清单编制在表6-18已有正确列项的情况下，需按表6-15的提示，根据工程背景准确描述其项目特征。分部分项工程清单与计价见表6-19。

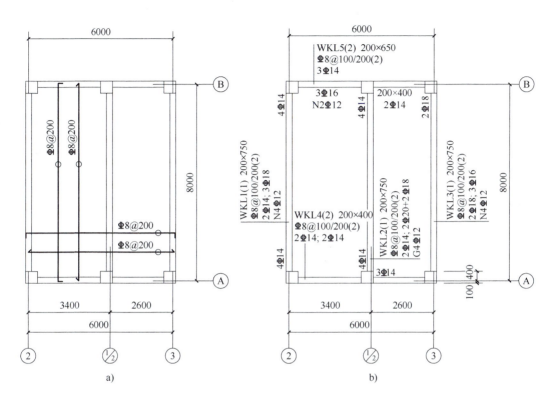

图 6-19 某工程局部四层屋顶结构施工图
a) 局部屋顶层结构平面图 b) 局部屋顶层梁配筋图

表 6-18 清单工程计算表（某工程梁板结构）

序号	项目编码	项目名称	计 算 式	计量单位	工程量合计
1	010505001001	有梁板	板：$V_1 = 6.2m \times 8.2m \times 0.12m = 6.101m^3$ ②、①/②、③轴 WKL： $V_2 = 0.2m \times (0.75 - 0.12)m \times (8 - 0.4 \times 2)m \times 3 = 2.722m^3$ A 轴 WKL： $V_3 = 0.2m \times (0.4 - 0.12)m \times (6 - 0.4 \times 2 - 0.5)m = 0.263m^3$ B 轴 WKL： $V_4 = 0.2m \times (0.65 - 0.12)m \times (3.4 - 0.4 \times 2)m + 0.2m \times (0.4 - 0.12)m \times (2.6 - 0.4 - 0.1)m = 0.2756m^3 + 0.1176m^3 = 0.393m^3$ $V_总 = 6.101m^3 + 2.722m^3 + 0.263m^3 + 0.393m^3 = 9.48m^3$	m^3	9.48

表6-19 分部分项工程清单与计价表（某工程梁板结构）

序号	项目编码	项目名称	项目特征描述	计量单位	工程量	综合单价	合价
1	010505001001	有梁板	1. 混凝土种类：非泵送商品混凝土 2. 混凝土强度等级：C30	m³	9.48		

【实例3】钢筋混凝土雨篷清单编制实例

某三类建筑工程，其雨篷结构如图6-20所示，混凝土采用C25预拌非泵送混凝土。招标文件规定，现浇混凝土构件实体项目不包含模板工程。

根据以上背景资料及《建设工程工程量清单计价规范》（GB 50500—2013）、《房屋建筑与装饰工程工程量计算规范》（GB 50854—2013），试编制钢筋混凝土雨篷的分部分项工程量清单。

6.2.5 【实例3】钢筋混凝土雨篷清单编制实例

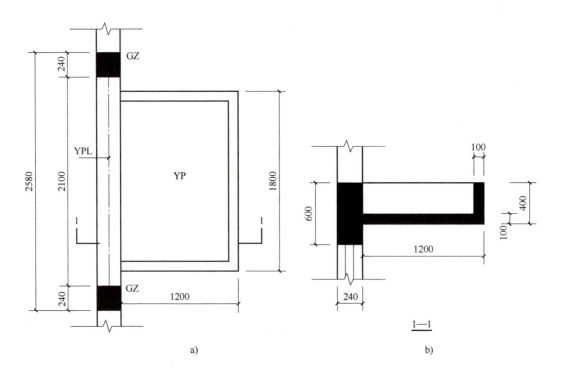

图6-20 某工程雨篷结构示意图
a）雨篷结构平面图 b）雨篷结构剖面图

【分析与解答】

1）规则规定，现浇雨篷与圈梁（包括其他梁）连接时，以梁外边线为分界线，外边线以外为雨篷。

2）计算雨篷侧板混凝土工程量时，侧板长度取中心线长度。

3）编制分部分项工程项目清单。清单编制在表 6-20 已有正确列项的情况下，需按表 6-15 的提示，根据工程背景准确描述其项目特征。分部分项工程清单与计价见表 6-21。

表 6-20　清单工程计算表（某工程雨篷）

序号	项目编码	项目名称	计算式	计量单位	工程量合计
1	010505008001	雨篷	侧板混凝土： $[(1.2-0.05)\times 2+(1.8-0.1)]m\times 0.1m\times (0.4-0.1)m=0.12m^3$ 底板混凝土： $1.2m\times 1.8m\times 0.1m=0.22m^3$ $V_总 = 0.12m^3 + 0.22m^3 = 0.34m^3$	m^3	0.34

表 6-21　分部分项工程清单与计价表（某工程雨篷）

序号	项目编码	项目名称	项目特征描述	计量单位	工程量	综合单价	合价
1	010505008001	雨篷	1. 混凝土种类：预拌非泵送混凝土 2. 混凝土强度等级：C25	m^3	0.34		

6.2.5　【拓展实例 1】
柱及墙体清单编制

6.2.5　【拓展实例 2】
柱、矩形梁、有梁板清单编制

【学习评价】

序号	评价内容	评价标准	评价结果			
			优秀	良好	合格	不合格
1	清单列项	能正确列出项目名称				
2	清单工程量计算	能正确计算混凝土柱、梁、板、墙的工程量				
3	分部分项工程项目清单	能根据工程背景准确描述项目特征				
		能准确填写清单编制表				
4	能否进行下一步学习		□能	□否		

子任务6.3　编制现浇混凝土楼梯、钢筋工程等项目的清单

【任务目标】

1. 能描述现浇混凝土楼梯、现浇混凝土其他构件、后浇带等的工程量计算规则。
2. 能编制现浇混凝土楼梯、现浇混凝土其他构件、后浇带等的工程量清单。
3. 能描述钢筋工程的工程量计算规则，能编制钢筋工程的清单。
4. 培养担当奉献的职业素养以及迎难而上的奋斗精神。

【任务实施】

编制现浇混凝土楼梯、现浇混凝土其他构件、后浇带、钢筋工程的清单以及螺栓、铁件的清单等工作任务。

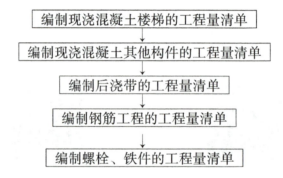

1. 分析学习难点

1) 理解整体楼梯的范围及工程量计算规则。
2) 理解雨篷、后浇带、现浇构件钢筋的工程量计算规则。

2. 条件需求与准备

1)《房屋建筑与装饰工程工程量计算规范》（GB 50854—2013）。
2) 某工程施工图，含楼梯、雨篷等的建筑与结构施工详图。
3) 其他相关的规范图集。

3. 操作时间安排

共计6课时，其中任务实操4课时，理论学习2课时。

4. 任务实操训练

识读电子资源附录一中某工程1#结构施工图29-楼梯详图以及图6-21和图6-22。编制该1号楼楼梯首层范围内的现浇混凝土的工程量清单。

（1）以"m²"为计量单位，编制1号楼楼梯一层范围内的混凝土工程量清单。

某工程1#结构施工图29-楼梯详图

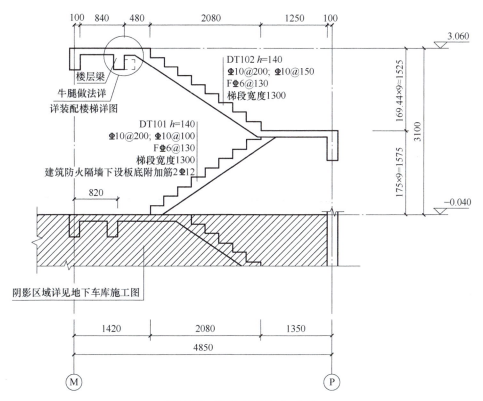

图 6-21 楼梯剖面图（一层）

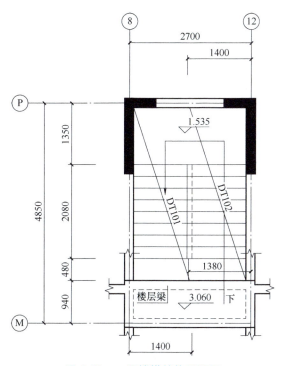

图 6-22 一层楼梯结构平面图

1）确定整体楼梯的范围。整体楼梯（包括直形楼梯、弧形楼梯）水平投影面积除楼梯段外，还包括休息平台、平台梁、斜梁和楼梯的连接梁。该 1 号楼楼梯梯段与楼层现浇楼板间_____（有/无）梯梁连接，如有连接梁，则该连接梁的截面尺寸 bh 为_____。

2）楼梯间宽：

3）楼梯间长：

4）楼梯井宽_____ mm，工程量计算时_____（需要/不需要）扣除。

5）一层楼梯的混凝土工程量（以 m^2 为计量单位）为：

6）编制分部分项工程项目清单。填写清单工程量计算表（表 6-22），根据工程背景准确描述其项目特征，依据《房屋建筑与装饰工程工程量计算规范》（GB 50854—2013）填写分部分项工程清单与计价表（表 6-23）。

表 6-22　清单工程量计算表 1

序号	项目编码	项目名称	计算式	计量单位	工程量合计
1					

表 6-23　分部分项工程清单与计价表 1

序号	项目编码	项目名称	项目特征描述	计量单位	工程量	综合单价	合价
1							

（2）以"m^3"为计量单位，编制 1 号楼楼梯一层范围内的混凝土工程量清单

1）计算梯段 DT101 的体积：

2）计算梯段 DT102 的体积：

3）计算中间休息平台板的体积：

4）计算 DT102 与楼层连接梁连接的平台板（板宽 480mm）体积：

5）计算楼层连接梁的体积：

6）计算一层楼梯（以 m^3 为单位）的混凝土清单工程量：

7）编制分部分项工程项目清单。填写清单工程量计算表（表 6-24），根据工程背景准

任务6 编制混凝土及钢筋混凝土工程量清单

确描述其项目特征,依据《房屋建筑与装饰工程工程量计算规范》(GB 50854—2013)填写分部分项工程清单与计价表(表6-25)。

表6-24 清单工程量计算表2

序号	项目编码	项目名称	计算式	计量单位	工程量合计
1					

表6-25 分部分项工程清单与计价表2

序号	项目编码	项目名称	项目特征描述	计量单位	工程量	综合单价	合价
1							

【知识链接】

6.3.1 现浇混凝土楼梯

1. 清单项目设置

现浇混凝土楼梯工程量清单项目设置、项目特征描述的内容、计量单位、工程量计算规则应按表6-26的规定执行。

表6-26 现浇混凝土楼梯(编号:010506)

项目编码	项目名称	项目特征描述	计量单位	工程量计算规则	工作内容
010506001	直形楼梯	1. 混凝土种类 2. 混凝土强度等级	1. m² 2. m³	1. 以平方米计量,按设计图示尺寸以水平投影面积计算。不扣除宽度≤500mm的楼梯井,伸入墙内部分不计算 2. 以立方米计量,按设计图示尺寸以体积计算	1. 模板及支架(撑)制作、安装、拆除、堆放、运输及清理模内杂物、刷隔离剂等 2. 混凝土制作、运输、浇筑、振捣、养护
010506002	弧形楼梯				

2. 清单规则解读

整体楼梯(包括直形楼梯、弧形楼梯)水平投影面积包括中间休息平台、平台梁、斜梁和楼梯的连接梁。当整体楼梯与楼层现浇楼板无梯梁连接时,以楼梯的最后一个踏步边缘加300mm为界。

6.3.2 现浇混凝土其他构件

1. 清单项目设置

现浇混凝土其他构件工程量清单项目设置、项目特征描述的内容、计量单位、工程量计算规则应按表6-27的规定执行。

95

表 6-27　现浇混凝土其他构件（编号：010507）

项目编码	项目名称	项目特征描述	计量单位	工程量计算规则	工作内容
010507001	散水、坡道	1. 垫层材料种类、厚度 2. 面层厚度 3. 混凝土种类 4. 混凝土强度等级 5. 变形缝填塞材料种类	m²	按设计图示尺寸以水平投影面积计算。不扣除单个≤0.3m²的孔洞所占面积	1. 地基夯实 2. 铺设垫层 3. 模板及支撑制作、安装、拆除、堆放、运输及清理模内杂物、刷隔离剂等 4. 混凝土制作、运输、浇筑、振捣、养护 5. 变形缝填塞
010507002	室外地坪	1. 地坪厚度 2. 混凝土强度等级			
010507003	电缆沟、地沟	1. 土壤类别 2. 沟截面净空尺寸 3. 垫层材料种类、厚度 4. 混凝土种类 5. 混凝土强度等级 6. 防护材料种类	m	按设计图示以中心线长度计算	1. 挖填、运土石方 2. 铺设垫层 3. 模板及支撑制作、安装、拆除、堆放、运输及清理模内杂物、刷隔离剂等 4. 混凝土制作、运输、浇筑、振捣、养护 5. 刷防护材料
010507004	台阶	1. 踏步高、宽 2. 混凝土种类 3. 混凝土强度等级	1. m² 2. m³	1. 以平方米计量，按设计图示尺寸水平投影面积计算 2. 以立方米计量，按设计图示尺寸以体积计算	1. 模板及支撑制作、安装、拆除、堆放、运输及清理模内杂物、刷隔离剂等 2. 混凝土制作、运输、浇筑、振捣、养护
010507005	扶手、压顶	1. 断面尺寸 2. 混凝土种类 3. 混凝土强度等级	1. m 2. m³	1. 以米计量，按设计图示的中心线延长米计算 2. 以立方米计量，按设计图示尺寸以体积计算	
010507006	化粪池、检查井	1. 部位 2. 混凝土强度等级 3. 防水、抗渗要求	m³	1. 按设计图示尺寸以体积计算 2. 以座计量，按设计图示数量计算	1. 模板及支架（撑）制作、安装、拆除、堆放、运输及清理模内杂物、刷隔离剂等 2. 混凝土制作、运输、浇筑、振捣、养护
010507007	其他构件	1. 构件的类型 2. 构件规格 3. 部位 4. 混凝土种类 5. 混凝土强度等级	1. m³ 2. 座		

2. 清单规则解读

1）现浇混凝土小型池槽、垫块、门框等，应按表 6-25 中其他构件项目编码列项。

2）架空式混凝土台阶，按现浇楼梯计算。

6.3.3 后浇带

1. 清单项目设置

后浇带工程量清单项目设置、项目特征描述的内容、计量单位、工程量计算规则应按表 6-28 的规定执行。

表 6-28　后浇带（编号：010508）

项目编码	项目名称	项目特征描述	计量单位	工程量计算规则	工作内容
010508001	后浇带	1. 混凝土种类 2. 混凝土强度等级	m³	按设计图示尺寸以体积计算	1. 模板及支架（撑）制作、安装、拆除、堆放、运输及清理模内杂物、刷隔离剂等 2. 混凝土制作、运输、浇筑、振捣、养护及混凝土交接面、钢筋等的清理

2. 清单规则解读

（1）后浇带的定义　《混凝土结构工程施工规范》（GB 50666—2011）中后浇带的定义是：为适应环境温度变化、混凝土收缩、结构不均匀沉降等因素影响，在梁、板（包括基础底板）、墙等结构中预留的具有一定宽度且经过一定时间后再浇筑的混凝土带。

（2）后浇带的作用　后浇带从功能上分为沉降后浇带、温度后浇带和伸缩后浇带三种。其中的伸缩后浇带即是设置后浇带以后，房屋的伸缩缝间距可适当增大。《混凝土结构设计规范》（GB 50010—2010）（2015 年版）中规定，如有充分依据和可靠措施，规范列表中的伸缩缝最大间距可适当增大，混凝土浇筑采用后浇带分段施工。如一普通框架结构房屋总长 60m，超过了 55m 的伸缩缝的最大间距值，按《混凝土结构设计规范》规定，需要留设伸缩缝。但倘若设计中采用了后浇带分段施工，则伸缩缝可以不设。

（3）后浇带混凝土浇筑　不同类型后浇带混凝土的浇筑时间不同，伸缩后浇带视先浇部分混凝土的收缩完成情况而定，一般为施工后 60 天；沉降后浇带宜在建筑物基本完成沉降后进行。在一些工程中，设计单位对后浇带的保留时间有特殊要求，应按设计要求进行后浇带混凝土浇筑；后浇带混凝土必须采用无收缩混凝土，可采用膨胀水泥配制，混凝土强度应提高一个等级。

6.3.4 钢筋工程

1. 清单项目设置

钢筋工程工程量清单项目设置、项目特征描述的内容、计量单位、工程量计算规则应按

表 6-29 的规定执行。

表 6-29 钢筋工程（编号：010515）

项目编码	项目名称	项目特征描述	计量单位	工程量计算规则	工作内容
010515001	现浇构件钢筋	钢筋种类、规格	t	按设计图示钢筋（网）长度（面积）乘单位理论质量计算	1. 钢筋制作、运输 2. 钢筋安装 3. 焊接
010515002	预制构件钢筋				
010515003	钢筋网片				1. 钢筋网制作、运输 2. 钢筋网安装 3. 焊接
010515004	钢筋笼				1. 钢筋笼制作、运输 2. 钢筋笼安装 3. 焊接
010515009	支撑钢筋（铁马）	1. 钢筋种类 2. 规格		按钢筋长度乘单位理论质量计算	钢筋制作、焊接、安装

2. 清单规则解读

1）现浇构件中钢筋搭接、锚固长度按照满足设计图示（规范）的最小值计入钢筋清单工程量内。除设计（包括规范规定）标明的搭接外，其他施工搭接不计算工程量，在综合单价中综合考虑。

2）现浇构件中固定位置的支撑钢筋、双层钢筋用的"铁马"在编制工程量清单时，如果设计未明确，其工程数量可为暂估量，结算时按现场签证数量计算。

3）先张法预应力钢筋、后张法预应力钢筋等预应力构件钢筋的清单编制按《房屋建筑与装饰工程工程量计算规范》（GB 50854—2013）附录 E.15 执行。

4）钢筋工程应区别现浇构件、预制构件、加工厂预制构件、预应力构件、点焊网片等以及不同规格，分别按设计展开长度（展开长度、保护层、搭接长度应符合规范规定）乘以单位理论质量计算。编制预算时，钢筋工程量可暂按"构件体积（或水平投影面积、外围面积、延长米）×钢筋含量"计算，"钢筋含量表"详见《江苏省建筑与装饰工程计价定额》附录一，节选内容见表 6-30。结算工程量计算应按设计图示、标准图集和规范要求计算。

表 6-30 混凝土及钢筋混凝土构件模板、钢筋含量表（节选）

分类	项目名称	混凝土计量单位	含模量 /m²	含钢筋量/(t/m³)	
				ϕ12mm 以内	ϕ12mm 以外
带形基础	有梁式钢筋混凝土	m³	1.89	0.021	0.049
	无梁式钢筋混凝土		0.74	0.021	0.049
独立基础	普通柱基		1.76	0.012	0.028
	杯形基础		1.75	0.009	0.021

(续)

分类	项目名称			混凝土计量单位	含模量/m²	含钢筋量/(t/m³)	
						φ12mm 以内	φ12mm 以外
满堂基础	无梁式			m³	0.52	0.024	0.056
	有梁式				1.52	0.034	0.079
柱	矩形柱	断面周长在	1.6m 以内		13.33	0.038	0.088
			2.5m 以内		8.00	0.050	0.116
			3.6m 以内		5.56	0.052	0.122
	构造柱				11.10	0.038	0.088
	圆柱、多边形柱周长在		1.5m 以内		11.43	0.040	0.093
			2.5m 以内		6.67	0.042	0.098
			4.0m 以内		4.00	0.045	0.105
墙	地面以上钢筋混凝土墙		200mm 以内		13.63	0.028	0.065
			300mm 以内		8.20	0.028	0.065
			电梯井		14.77	0.031	0.071
	地下室墙	钢筋混凝土	300mm 以内		7.52	0.024	0.055
			300mm 以外		4.10	0.024	0.055
板	有梁板		100mm 以内		10.70	0.030	0.070
			200mm 以内		8.07	0.043	0.100

6.3.5 螺栓、铁件

1. 清单项目设置

螺栓、铁件工程量清单项目设置、项目特征描述的内容、计量单位、工程量计算规则应按表 6-31 的规定执行。

表 6-31 螺栓、铁件（编号：010516）

项目编码	项目名称	项目特征描述	计量单位	工程量计算规则	工作内容
010516001	螺栓	1. 螺栓种类 2. 规格	t	按设计图示尺寸以质量计算	1. 螺栓、铁件制作、运输 2. 螺栓、铁件安装
010516002	预埋铁件	1. 钢材种类 2. 规格 3. 铁件尺寸			
010516003	机械连接	1. 连接方式 2. 螺纹套筒种类 3. 规格	个	按数量计算	1. 钢筋套丝 2. 套筒连接

2. 清单规则解读

编制工程量清单时，其工程数量可为暂估量，实际工程量按现场签证数量计算。

6.3.6 典型实例

【实例1】钢筋混凝土楼梯清单编制实例

某办公楼楼梯如图 6-23 所示，楼梯采用预拌非泵送混凝土，混凝土强度等级为 C20。墙厚 200mm，轴线与墙中心线重合，楼梯井宽 100mm，与楼梯相连的楼层平台梁截面尺寸为 250mm×400mm，楼梯起步处基础梁截面尺寸为 200mm×400mm，TL1、TL2 的截面尺寸均为 200mm×350mm，TZ 截面尺寸为 200mm×300mm。要求根据以上背景资料及《房屋建筑与装饰工程工程量计算规范》（GB 50854—2013）编制楼梯的工程量清单（以 m^3 为计量单位）。

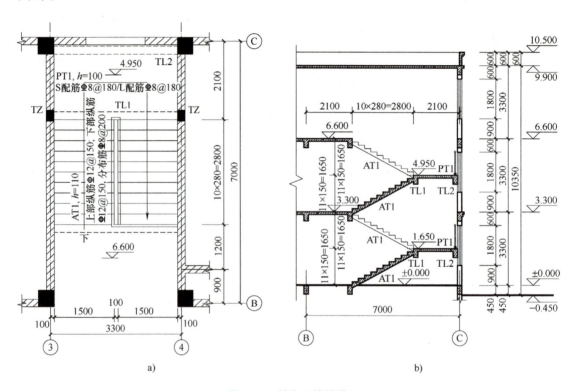

图 6-23 某办公楼楼梯
a）顶层楼梯平面图 b）楼梯剖面图

【分析与解答】

（1）确定楼梯清单工程量计算范围 按工程量计算规则，楼梯工程量包括梯段、中间休息平台板、平台梁以及与楼梯相连接的楼层梁。如图 6-23a 所示，计算范围内净宽为 3.3m－0.1m×2＝3.1m，净长＝2.8m＋2.1m－0.1m＋0.25m＝5.05m。若以 m^2 作为计量单位，则楼梯的清单工程量 $S = 3.1m × 5.05m × 2 = 31.31m^2$。

（2）计算楼梯清单工程量（以 m^3 为计量单位） 依次计算楼梯起步处基础梁、楼层平台梁、楼梯段、中间休息平台的混凝土工程量，见表 6-32。

（3）编制分部分项工程项目清单 清单编制在表 6-32 已有正确列项的情况下，需按表 6-26 的提示，根据工程背景准确描述其项目特征。分部分项工程清单与计价见表 6-33。

表 6-32 清单工程计算表（某办公楼楼梯）

序号	项目编码	项目名称	计 算 式	计量单位	工程量合计
1	010506001001	直形楼梯	1）楼梯基础梁：$0.2m \times 0.4m \times (3.3-0.2)m = 0.248m^3$ 2）TL1、TL2：$0.2m \times 0.35m \times (3.3-0.2)m \times 4 = 0.868m^3$ 3）楼层平台梁：$0.25m \times 0.4m \times (3.3-0.2)m \times 2 = 0.62m^3$ 4）梯段板 AT1：$0.11m \times 1.5m \times \sqrt{2.8^2+(1.65-0.15)^2}m \times 4 = 2.097m^3$ 5）踏步：$(0.15 \times 0.28 \times 0.50 \times 1.5 \times 10 \times 4)m^3 = 1.26m^3$ 6）中间休息平台：$(2.1-0.1-0.2 \times 2)m \times (3.3-0.2)m \times 0.1m \times 2 = 0.992m^3$ 7）混凝土清单工程量 $V = 0.248m^3 + 0.868m^3 + 0.62m^3 + 2.097m^3 + 1.26m^3 + 0.992m^3 = 6.09m^3$	m^3	6.09

表 6-33 分部分项工程清单与计价表（某办公楼楼梯）

序号	项目编码	项目名称	项目特征描述	计量单位	工程量	综合单价	合价
1	010506001001	直形楼梯	1. 混凝土种类：预拌非泵送混凝土 2. 混凝土强度等级：C20	m^3	6.09		

【实例2】 现浇构件钢筋清单编制实例

某三类工程，框架结构，采用柱下独立基础。基础混凝土的工程量为 $150m^3$，基础钢筋采用 HRB400 级钢筋，要求按《房屋建筑与装饰工程工程量计算规范》（GB 50854—2013）及《江苏省建筑与装饰工程计价定额》附录一编制基础钢筋工程的工程量清单综合单价。

【分析与解答】

（1）计算钢筋清单工程量　钢筋工程量计量单位为 t，按照表 6-30 计算钢筋工程量。

普通柱基，$\phi12mm$ 以内钢筋含量为 $0.012t/m^3$；$\phi12mm$ 以外钢筋含量为 $0.028t/m^3$。因此，$\phi12mm$ 以内钢筋工程量 $=(150 \times 0.012)t = 1.800t$；$\phi12mm$ 以外钢筋工程量 $=(150 \times 0.028)t = 4.200t$。

（2）编制分部分项工程项目清单　清单编制结果见表 6-34，编制中，需按表 6-29 的提示，根据工程背景准确描述其项目特征。

表 6-34 分部分项工程清单与计价表（某工程钢筋）

项目编码	项目名称	项目特征描述	计量单位	工程量	综合单价	合价
010515001001	现浇构件钢筋	1. 钢筋种类：HRB400 级 2. 规格：$\phi12mm$ 以内	t	1.800		
010515001002	现浇构件钢筋	1. 钢筋种类：HRB400 级 2. 规格：$\phi12mm$ 以外		4.200		

【学习评价】

序号	评价内容	评价标准	评价结果			
			优秀	良好	合格	不合格
1	清单列项	能正确列出项目名称				
2	清单工程量计算	能正确计算混凝土楼梯、后浇带、钢筋工程等的清单工程量				
3	分部分项工程项目清单	能根据工程背景准确描述项目特征				
		能准确填写清单编制表				
4		能否进行下一步学习		□能	□否	

任务 7

编制金属结构、木结构工程量清单

【任务背景】

金属结构工程主要指钢结构的房屋建筑工程。在工业厂房中，有近1/3左右的工程项目是用钢结构建造的房屋；大跨度的民用建筑如高铁车站、航空港的候机大厅、体育场馆及展览馆建筑多用钢结构建造而成；高层民用建筑中也有一部分是用钢结构建造而成。现代木结构工程技术经过几十年的长足发展，以其出色的低碳、绿色、节能、抗震等优势，成为许多国家公共和民用建筑的首选。我国的森林资源相对匮乏，木结构的使用局限在仿古建筑、园林建筑、旅游风景区建筑以及少量木结构的别墅建筑中。木结构房屋的主要构件有木柱、木梁、木屋架以及屋面木基层等。本任务主要介绍金属结构、木结构工程量清单的编制。

【任务目标】

1. 能描述钢柱、钢梁、钢板楼板、钢板墙板的清单工程量计算规则。
2. 能描述木屋架、木构件、屋面木基层的工程量计算规则。
3. 能编制简单钢结构、一般木结构房屋的工程量清单。
4. 培养学生绿色低碳、生态环保的工程建设理念，践行生态文明发展理念。

【任务实施】

包括编制钢结构工程、木结构工程的清单等工作任务。

编制钢结构工程的工程量清单
↓
编制木结构工程的工程量清单

1. 分析学习难点

1）理解钢网架、钢屋架、钢托架、钢桁架、钢架桥等的划分依据。
2）理解钢结构工程、木结构工程项目特征描述的要求。
3）掌握钢柱、钢梁、木屋架等的清单工程量计算。

2. 条件需求与准备

1）《房屋建筑与装饰工程工程量计算规范》（GB 50854—2013）。
2）某工程的钢结构施工图。
3）其他相关的规范图集。

3. 操作时间安排

共计4课时，其中任务实操2课时，理论学习2课时。

4. 任务实操训练

（1）任务下达　识读电子资源附录三中某项目的 GJ-1（1a）详图等的施工图。编制 A 轴钢柱的清单工程量。钢材按 7800kg/m³ 计。

某项目的 GJ-1
（1a）详图

（2）分析与解题过程

1）清单项目分析。

① 实腹钢柱清单项目名称、工程量计量单位。

② A 轴钢柱的规格型号。

③ A 轴钢柱的计算高度。

④ 计算单榀刚架 A 轴钢柱的清单工程量。

2）编制分部分项工程项目清单。填写清单工程量计算表（表 7-1），根据工程背景准确描述其项目特征，依据《房屋建筑与装饰工程工程量计算规范》（GB 50854—2013）填写分部分项工程清单与计价表（表 7-2）。

表 7-1 清单工程量计算表

序号	项目编码	项目名称	计 算 式	计量单位	工程量合计
1					

表 7-2 分部分项工程清单与计价表

序号	项目编码	项目名称	项目特征描述	计量单位	工程量	综合单价	合价
1							

【知识链接】

7.1 钢网架

1. 清单项目设置

钢网架工程清单项目设置、项目特征描述的内容、计量单位及工程量计算规则应按表 7-3 的规定执行。

表 7-3 钢网架（编码：010601）

项目编码	项目名称	项目特征描述	计量单位	工程量计算规则	工作内容
010601001	钢网架	1. 钢材品种、规格 2. 网架节点形式、连接方式 3. 网架跨度、安装高度 4. 探伤要求 5. 防火要求	t	按设计图示尺寸以质量计算。不扣除孔眼的质量，焊条、铆钉等不另增加质量	1. 拼装 2. 安装 3. 探伤 4. 补刷油漆

2. 清单规则解读

1）防火要求是指设计图中明确的耐火极限要求。后续表 7-4~表 7-8 的项目特征中的防火要求均与此同义。

2）钢网架属于空间网格结构，其节点的常用形式有：焊接空心球节点、螺栓球节点（图 7-1）、嵌入式毂节点和铸钢节点（图 7-2）等节点形式。

3）探伤要求。焊缝探伤分渗透、超声波、射线探伤等，焊缝探伤根据焊缝级别、设计要求进行。

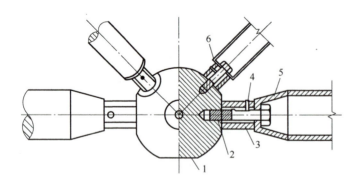

图 7-1 螺栓球节点
1—钢球 2—高强度螺栓 3—套筒
4—紧固螺钉 5—锥头 6—封板

图 7-2 某工程铸钢节点

7.2 钢屋架、钢托架、钢桁架、钢架桥

1. 清单项目设置

钢屋架、钢托架、钢桁架、钢架桥工程量清单项目设置、项目特征描述的内容、计量单位及工程量计算规则应按表 7-4 的规定执行。

表 7-4 钢屋架、钢托架、钢桁架、钢架桥（编码：010602）

项目编码	项目名称	项目特征描述	计量单位	工程量计算规则	工作内容
010602001	钢屋架	1. 钢材品种、规格 2. 单榀质量 3. 屋架跨度、安装高度 4. 螺栓种类 5. 探伤要求 6. 防火要求	1. 榀 2. t	1. 以榀计量，按设计图示数量计算 2. 以吨计量，按设计图示尺寸以质量计算。不扣除孔眼的质量，焊条、铆钉、螺栓等不另增加质量	1. 拼装 2. 安装 3. 探伤 4. 补刷油漆
010602002	钢托架	1. 钢材品种、规格 2. 单榀质量 3. 安装高度 4. 螺栓种类 5. 探伤要求 6. 防火要求	t	按设计图示尺寸以质量计算。不扣除孔眼的质量，焊条、铆钉、螺栓等不另增加质量	
010602003	钢桁架				
010602004	钢架桥	1. 桥类型 2. 钢材品种、规格 3. 单榀质量 4. 安装高度 5. 螺栓种类 6. 探伤要求			

2. 清单规则解读

1) 螺栓种类是指普通螺栓或高强度螺栓。

2) 钢屋架以榀计量时，按标准图设计的应注明标准图代号；按非标准图设计的项目特征必须描述单榀屋架的质量。

7.3 钢柱

1. 清单项目设置

钢柱工程量清单项目设置、项目特征描述的内容、计量单位及工程量计算规则应按表 7-5 的规定执行。

2. 清单规则解读

1) 螺栓种类是指普通螺栓或高强度螺栓。

2) 实腹钢柱类型指截面为 H 形、工字形、十字形、T 形、L 形等形式，其中 H 形钢柱、工字形钢柱在实腹式钢柱中较为常见。

3）空腹钢柱类型指箱形、格构式钢柱等，其中建筑工程中格构式钢柱应用相对较多。

4）型钢混凝土柱浇筑钢筋混凝土，其混凝土和钢筋应按《房屋建筑与装饰工程工程量计算规范》（GB 50854—2013）中混凝土及钢筋混凝土工程中相关项目编码列项。

表7-5 钢柱（编码：010603）

项目编码	项目名称	项目特征描述	计量单位	工程量计算规则	工作内容
010603001	实腹钢柱	1. 柱类型 2. 钢材品种、规格 3. 单根柱质量 4. 螺栓种类 5. 探伤要求 6. 防火要求	t	按设计图示尺寸以质量计算。不扣除孔眼的质量，焊条、铆钉、螺栓等不另增加质量，依附在钢柱上的牛腿及悬臂梁等并入钢柱工程量内	1. 拼装 2. 安装 3. 探伤 4. 补刷油漆
010603002	空腹钢柱				
010603003	钢管柱	1. 钢材品种、规格 2. 单根柱质量 3. 螺栓种类 4. 探伤要求 5. 防火要求		按设计图示尺寸以质量计算。不扣除孔眼的质量，焊条、铆钉、螺栓等不另增加质量，钢管柱上的节点板、加强环、内衬管、牛腿等并入钢管柱工程量内	

7.4 钢梁

1. 清单项目设置

钢梁工程量清单项目设置、项目特征描述的内容、计量单位及工程量计算规则应按表7-6的规定执行。

表7-6 钢梁（编码：010604）

项目编码	项目名称	项目特征描述	计量单位	工程量计算规则	工作内容
010604001	钢梁	1. 梁类型 2. 钢材品种、规格 3. 单根质量 4. 螺栓种类 5. 安装高度 6. 探伤要求 7. 防火要求	t	按设计图示尺寸以质量计算。不扣除孔眼的质量，焊条、铆钉、螺栓等不另增加质量，制动梁、制动板、制动桁架、车挡并入钢吊车梁工程量内	1. 拼装 2. 安装 3. 探伤 4. 补刷油漆
010604002	钢吊车梁	1. 钢材品种、规格 2. 单根质量 3. 螺栓种类 4. 安装高度 5. 探伤要求 6. 防火要求			

2. 清单规则解读

1）梁类型指 H 形、工字形、L 形、T 形、箱形、格构式等。其中，截面为 H 形、工字形的钢梁较为常见。

2）型钢混凝土梁浇筑钢筋混凝土，其混凝土和钢筋应按《房屋建筑与装饰工程工程量计算规范》（GB 50854—2013）中混凝土及钢筋混凝土工程中相关项目编码列项。

7.5 钢板楼板、钢板墙板

1. 清单项目设置

钢板楼板、钢板墙板工程量清单项目设置、项目特征描述的内容、计量单位及工程量计算规则应按表 7-7 的规定执行。

表 7-7 钢板楼板、钢板墙板（编码：010605）

项目编码	项目名称	项目特征描述	计量单位	工程量计算规则	工作内容
010605001	钢板楼板	1. 钢材品种、规格 2. 钢板厚度 3. 螺栓种类 4. 防火要求	m²	按设计图示尺寸以铺设水平投影面积计算。不扣除单个面积 ≤ 0.3m² 柱、垛及孔洞所占面积	1. 拼装 2. 安装 3. 探伤 4. 补刷油漆
010605002	钢板墙板	1. 钢材品种、规格 2. 钢板厚度、复合板厚度 3. 螺栓种类 4. 复合板夹芯材料种类、层数、型号、规格 5. 防火要求		按设计图示尺寸以铺挂展开面积计算。不扣除单个面积 ≤ 0.3m² 的梁、孔洞所占面积，包角、包边、窗台泛水等不另加面积	

2. 清单规则解读

1）钢板楼板上浇筑钢筋混凝土，其混凝土和钢筋应按《房屋建筑与装饰工程工程量计算规范》中混凝土及钢筋混凝土工程中相关项目编码列项。

2）压型钢楼板按表 7-7 中钢板楼板项目编码列项。

7.6 钢构件

1. 清单项目设置

钢构件工程量清单项目设置、项目特征描述的内容、计量单位及工程量计算规则应按表 7-8 的规定执行。

2. 清单规则解读

1）钢墙架项目包括墙架柱、墙架梁和连接杆件。

2）钢支撑、钢拉条类型指单式、复式；钢檩条类型指型钢式、格构式；钢漏斗形式指方形、圆形；天沟形式指矩形沟、半圆形沟。

3）加工铁件等小型构件，应按表 7-8 中零星钢构件项目编码列项。

表7-8 钢构件（编号：010606）

项目编码	项目名称	项目特征描述	计量单位	工程量计算规则	工作内容
010606001	钢支撑、钢拉条	1. 钢材品种、规格 2. 构件类型 3. 安装高度 4. 螺栓种类 5. 探伤要求 6. 防火要求	t	按设计图示尺寸以质量计算。不扣除孔眼的质量，焊条、铆钉、螺栓等不另增加质量	1. 拼装 2. 安装 3. 探伤 4. 补刷油漆
010606002	钢檩条	1. 钢材品种、规格 2. 构件类型 3. 单根质量 4. 安装高度 5. 螺栓种类 6. 探伤要求 7. 防火要求			
010606003	钢天窗架	1. 钢材品种、规格 2. 单榀质量 3. 安装高度 4. 螺栓种类 5. 探伤要求 6. 防火要求			
010606004	钢挡风架	1. 钢材品种、规格 2. 单榀质量 3. 螺栓种类 4. 探伤要求 5. 防火要求			
010606005	钢墙架				
010606010	钢漏斗	1. 钢材品种、规格 2. 漏斗、天沟形式 3. 安装高度 4. 探伤要求		按设计图示尺寸以质量计算，不扣除孔眼的质量，焊条、铆钉、螺栓等不另增加质量，依附漏斗或天沟的型钢并入漏斗或天沟工程量内	1. 拼装 2. 安装 3. 探伤 4. 补刷油漆
010606011	钢板天沟				
010606012	钢支架	1. 钢材品种、规格 2. 安装高度 3. 防火要求		按设计图示尺寸以质量计算，不扣除孔眼的质量，焊条、铆钉、螺栓等不另增加质量	

7.7 金属制品

1. 清单项目设置

金属制品工程量清单项目设置、项目特征描述的内容、计量单位及工程量计算规则应按

表7-9的规定执行。

表7-9 金属制品(编码：010607)

项目编码	项目名称	项目特征描述	计量单位	工程量计算规则	工作内容
010607001	成品空调金属百页护栏	1. 材料品种、规格 2. 边框材质	m²	按设计图示尺寸以框外围展开面积计算	1. 安装 2. 校正 3. 预埋铁件及安螺栓
010607002	成品栅栏	1. 材料品种、规格 2. 边框及立柱型钢品种、规格			1. 安装 2. 校正 3. 预埋铁件 4. 安螺栓及金属立柱
010607003	成品雨篷	1. 材料品种、规格 2. 雨篷宽度 3. 晾衣竿品种、规格	1. m 2. m²	1. 以米计量，按设计图示接触边以米计算 2. 以平方米计量，按设计图示尺寸以展开面积计算	1. 安装 2. 校正 3. 预埋铁件及安螺栓
010607004	金属网栏	1. 材料品种、规格 2. 边框及立柱型钢品种、规格	m²	按设计图示尺寸以框外围展开面积计算	1. 安装 2. 校正 3. 安螺栓及金属立柱
010607005	砌块墙钢丝网加固	1. 材料品种、规格 2. 加固方式		按设计图示尺寸以面积计算	1. 铺贴 2. 锚固
010607006	后浇带金属网				

2. 清单规则解读

1) 砌块墙钢丝网加固。框架结构、框架剪力墙结构等结构中的后砌加气块与原有混凝土结构结合部位需要加铺一定宽度的钢丝网，其作用是防止不同材料交接处因材料干缩而开裂。

2) 后浇带金属网。为了减少混凝土漏浆，保证先浇部分的混凝土成型，需在后浇带的两侧铺设金属网。

7.8 木屋架

1. 清单项目设置

木屋架工程量清单项目设置、项目特征描述的内容、计量单位及工程量计算规则应按表7-10的规定执行。

2. 清单规则解读

1) 屋架的跨度应以上、下弦中心线两交点之间的距离计算。

2) 带气楼的屋架和马尾、折角以及正交部分的半屋架，按相关屋架项目编码列项。

3）以榀计量，按标准图设计的应注明标准图代号，按非标准图设计的项目特征必须按表 7-10 的要求予以描述。

表 7-10　木屋架（编码：010701）

项目编码	项目名称	项目特征描述	计量单位	工程量计算规则	工作内容
010701001	木屋架	1. 跨度 2. 材料品种、规格 3. 刨光要求 4. 拉杆及夹板种类 5. 防护材料种类	1. 榀 2. m³	1. 以榀计量，按设计图示数量计算 2. 以立方米计量，按设计图示的规格尺寸以体积计算	1. 制作 2. 运输 3. 安装 4. 刷防护材料
010701002	钢木屋架	1. 跨度 2. 木材品种、规格 3. 刨光要求 4. 钢材品种、规格 5. 防护材料种类	榀	以榀计量，按设计图示数量计算	

7.9　木构件

1. 清单项目设置

木构件工程量清单项目设置、项目特征描述的内容、计量单位及工程量计算规则应按表 7-11 的规定执行。

表 7-11　木构件（编码：010702）

项目编码	项目名称	项目特征描述	计量单位	工程量计算规则	工作内容
010702001	木柱	1. 构件规格尺寸 2. 木材种类 3. 刨光要求 4. 防护材料种类	m³	按设计图示尺寸以体积计算	1. 制作 2. 运输 3. 安装 4. 刷防护材料
010702002	木梁				
010702003	木檩		1. m³ 2. m	1. 以立方米计量，按设计图示尺寸以体积计算 2. 以米计量，按设计图示尺寸以长度计算	
010702004	木楼梯	1. 楼梯形式 2. 木材种类 3. 刨光要求 4. 防护材料种类	m²	按设计图示尺寸以水平投影面积计算。不扣除宽度≤300mm 的楼梯井，伸入墙内部分不计算	
010702005	其他木构件	1. 构件名称 2. 构件规格尺寸 3. 木材种类 4. 刨光要求 5. 防护材料种类	1. m³ 2. m	1. 以立方米计量，按设计图示尺寸以体积计算 2. 以米计量，按设计图示尺寸以长度计算	

2. 清单规则解读

1）木楼梯的栏杆（栏板）、扶手，应按《房屋建筑与装饰工程工程量计算规范》（GB 50854—2013）附录Q中的相关项目编码列项。

2）以米计量，项目特征必须描述构件规格尺寸。

7.10 屋面木基层

1. 清单项目设置

屋面木基层工程量清单项目设置、项目特征描述的内容、计量单位及工程量计算规则应按表7-12的规定执行。

表7-12 屋面木基层（编码：010703）

项目编码	项目名称	项目特征描述	计量单位	工程量计算规则	工作内容
010703001	屋面木基层	1. 椽子断面尺寸及椽距 2. 望板材料种类、厚度 3. 防护材料种类	m²	按设计图示尺寸以斜面积计算 不扣除房上烟囱、风帽底座、风道、小气窗、斜沟等所占面积。小气窗的出檐部分不增加面积	1. 椽子制作、安装 2. 望板制作、安装 3. 顺水条和挂瓦条制作、安装 4. 刷防护材料

2. 清单规则解读

屋面木基层包括木檩条、椽子、屋面板、油毡、挂瓦条、顺水条等，如图7-3所示。屋面系统的木结构通常是由屋面木基层和木屋架（或钢木屋架）两部分组成。

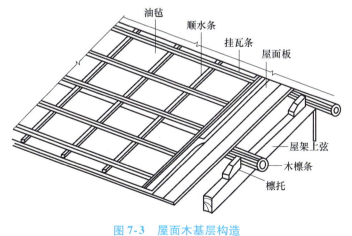

图7-3 屋面木基层构造

7.11 典型实例

【实例1】格构式钢柱清单编制实例

某工程格构式钢柱如图7-4所示（最底层钢板为-12厚），共2根，加工厂制作，运输到现场拼装、安装、超声波探伤、耐火极限为二级。

7.11 【实例1】格构式钢柱清单编制

钢材单位理论质量见表7-13。

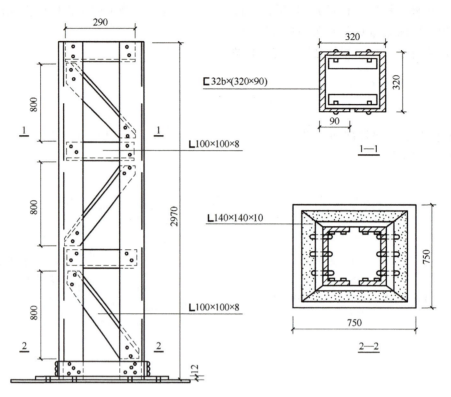

图 7-4　格构式钢柱

表 7-13　钢材单位理论质量表

规　　格	单位质量	备　　注
⌶32b×(320×90)	43.25kg/m	槽钢
L100×100×8	12.28kg/m	角钢
L140×140×10	21.49kg/m	角钢
—12	94.20kg/m²	钢板

根据以上背景资料及《建设工程工程量清单计价规范》（GB 50500—2013）、《房屋建筑与装饰工程工程量计算规范》（GB 50854—2013），试列出该工程格构式钢柱的分部分项工程量清单。

【分析与解答】

（1）清单工程量计算　此例为格构式钢柱，对应清单项目中的空腹钢柱。由双肢槽钢⌶32b×(320×90)通过角钢缀条形成，柱净高2.97m。

如图7-4所示，单根格构式钢柱中连接双肢槽钢的规格为L100×100×8的水平及斜缀条内外两侧各有6根，单根水平缀条长度为290mm，单根斜缀条长度可根据勾股定理求得。

如图7-4所示，单根格构式钢柱的根部用4根L140×140×10规格的角钢箍住，其工程量见表7-14中的G_3。

如图 7-4 所示,单根格构式钢柱的根部设置有一块—12 的钢板,其面积为 0.75m×0.75m。

如图 7-4 所示,缀条与槽钢间用螺栓连接,根据表 7-5 的空腹钢柱的工程量计算规则,空腹钢柱工程量不扣除孔眼的质量,焊条、铆钉、螺栓等也不另增加质量。

(2) 编制分部分项工程项目清单　清单编制在表 7-14 已有正确列项的情况下,需按表 7-5 的提示,根据工程背景准确描述其项目特征。分部分项工程清单与计价见表 7-15。

表 7-14　清单工程量计算表(某工程格构式钢柱)

序号	项目编码	项目名称	计算式	计量单位	工程量合计
1	010603002001	空腹钢柱	1) 槽钢⌞32b×(320×90): $G_1 = (2.97 \times 2 \times 43.25 \times 2)$ kg = 513.81kg 2) 角钢⌞100×100×8: $G_2 = [(0.29 \times 6 + \sqrt{0.8^2 + 0.29^2} \times 6) \times 12.28 \times 2]$ kg = 168.13kg 3) 角钢⌞140×140×10: $G_3 = (0.32 \times 4 \times 21.49 \times 2)$ kg = 55.01kg 4) 钢板—12: $G_4 = (0.75 \times 0.75 \times 94.20 \times 2)$ kg = 105.98kg 5) 钢柱总重 $G = G_1 + G_2 + G_3 + G_4 = (513.81 + 168.13 + 55.01 + 105.98)$ kg = 842.93kg = 0.843t	t	0.843

表 7-15　分部分项工程清单与计价表(某工程格构式钢柱)

序号	项目编码	项目名称	项目特征描述	计量单位	工程量	综合单价	合价
1	010603002001	空腹钢柱	1. 柱类型:简易箱形 2. 钢材品种、规格:槽钢、角钢、钢板,规格见详图 3. 单根柱质量:0.422t 4. 螺栓种类:普通螺栓 5. 探伤要求:超声波探伤 6. 防火要求:耐火极限为二级	t	0.843		

【实例 2】方木屋架清单编制实例

某厂房方木屋架如图 7-5 所示,共 4 榀,现场制作,不刨光,拉杆为 φ10mm 的圆钢,铁件刷防锈漆一遍,轮胎式起重机安装,安装高度 6m。

根据以上背景资料及《建设工程工程量清单计价规范》(GB 50500—2013)、《房屋建筑与装饰工程工程量计算规范》(GB 50854—2013),试列出该工程方木屋架以立方米计量的分部分项工程量清单。

7.11　【实例 2】方木屋架清单编制

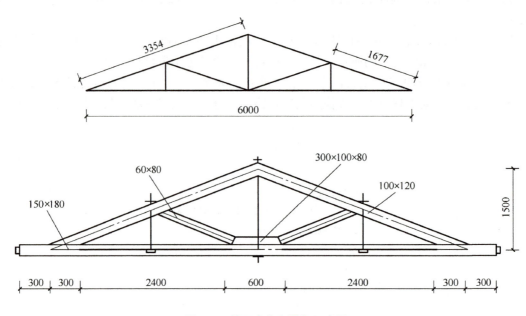

图 7-5 某厂房方木屋架示意图

【分析与解答】

(1) 清单工程量计算分析 木屋架以立方米计量，按设计图示的规格尺寸以体积计算。杆件的长度应以上、下弦中心线两交点（节点）之间的距离计算。

(2) 编制分部分项工程项目清单 清单编制在表 7-16 已有正确列项的情况下，需按表 7-10 的提示，根据工程背景准确描述其项目特征。分部分项工程清单与计价见表 7-17。

表 7-16 清单工程量计算表（某工程方木屋架）

序号	项目编码	项目名称	计 算 式	计量单位	工程量合计
1	010701001001	方木屋架	1) 下弦杆体积 = (0.15 × 0.18 × 6.6 × 4) m³ = 0.713m³ 2) 上弦杆体积 = (0.10 × 0.12 × 3.354 × 2 × 4) m³ = 0.322m³ 3) 斜撑体积 = (0.06 × 0.08 × 1.677 × 2 × 4) m³ = 0.064m³ 4) 垫木体积 = (0.30 × 0.10 × 0.08 × 4) m³ = 0.01m³ 5) 屋架体积 $V_{总}$ = (0.713 + 0.322 + 0.064 + 0.01) m³ = 1.11m³	m³	1.11

表 7-17 分部分项工程清单与计价表（某工程方木屋架）

序号	项目编码	项目名称	项目特征描述	计量单位	工程量	综合单价	合价
1	010701001001	方木屋架	1. 跨度：6.00m 2. 材料品种、规格：方木、规格见详图 3. 刨光要求：不刨光 4. 拉杆种类：ϕ10mm 圆钢 5. 防护材料种类：铁件刷防锈漆一遍	m³	1.11		

【学习评价】

序号	评价内容	评价标准	评价结果			
			优秀	良好	合格	不合格
1	清单列项	能正确列出项目名称				
2	清单工程量计算	能正确计算钢柱、木屋架等工程的工程量				
3	分部分项工程项目清单	能根据工程背景准确描述项目特征				
		能准确填写清单编制表				
4		能否进行下一步学习	□能		□否	

任务 8

编制门窗工程量清单

【任务背景】

门窗按其所处的位置不同分为围护构件或分隔构件，有不同的设计要求，分别有保温、隔热、隔声、防水、防火和节能等功能。门窗的密闭性要求，是节能设计的重要内容。门和窗是建筑物围护结构系统中重要的组成部分。本任务主要介绍门窗工程量清单的编制。

【任务目标】

1. 能正确描述木门、金属门、木窗、金属窗的工程量计算规则。
2. 能编制木门、金属门、木窗、金属窗的工程量清单。
3. 培养学生局部与整体、个体与全部的辩证思想。

【任务实施】

包括编制门窗工程的工程量清单等工作任务。

1. 分析学习难点

1）依据图纸和规范进行门、窗项目正确列项。
2）理解门窗节能的途径及其对建筑节能的影响。

2. 条件需求与准备

1）《房屋建筑与装饰工程工程量计算规范》（GB 50854—2013）。
2）某工程的建筑施工图。
3）其他相关的规范图集。

3. 操作时间安排

共计 2 课时，其中任务实操 1 课时，理论学习 1 课时。

4. 任务实操训练

（1）任务下达　识读电子资源附录一中某工程 1#楼建筑施工图 02-一层平面图和某工程 1#楼建筑施工图 14-门窗表等建筑施工图。编制一层门窗的工程量清单。

（2）分析与解题过程

1）清单列项及工程量计算。

① 归纳一层门窗的编号、规格、型材种类及玻璃构造，对一层门窗进行清单列项。

某工程 1#楼建筑施工图 14-门窗表

② 计算一层门的工程量（区分不同的项目名称、项目编码，以平方米计算）。

③ 计算一层窗的工程量（区分不同的项目名称、项目编码，以平方米计算）。

2）编制分部分项工程项目清单。填写清单工程量计算表（表8-1），根据工程背景准确描述其项目特征，依据《房屋建筑与装饰工程工程量计算规范》（GB 50854—2013）填写分部分项工程清单与计价表（表8-2）。

表8-1 清单工程量计算表

序号	项目编码	项目名称	计 算 式	计量单位	工程量合计
1					
2					
3					
4					

表8-2 分部分项工程清单与计价表

序号	项目编码	项目名称	项目特征描述	计量单位	工程量	综合单价	合价
1							
2							
3							
4							

【知识链接】

8.1 木门

1. 清单项目设置

木门工程量清单项目设置、项目特征描述的内容、计量单位及工程量计算规则应按表8-3的规定执行。

表 8-3　木门（编码：010801）

项目编码	项目名称	项目特征描述	计量单位	工程量计算规则	工作内容
010801001	木质门	1. 门代号及洞口尺寸 2. 镶嵌玻璃品种、厚度	1. 樘 2. m²	1. 以樘计量，按设计图示数量计算 2. 以平方米计量，按设计图示洞口尺寸以面积计算	1. 门安装 2. 玻璃安装 3. 五金安装
010801002	木质门带套				
010801003	木质连窗门				
010801004	木质防火门				
010801005	木门框	1. 门代号及洞口尺寸 2. 框截面尺寸 3. 防护材料种类	1. 樘 2. m	1. 以樘计量，按设计图示数量计算 2. 以米计量，按设计图示框的中心线以延长米计算	1. 木门框制作、安装 2. 运输 3. 刷防护材料
010801006	门锁安装	1. 锁品种 2. 锁规格	个 (套)	按设计图示数量计算	安装

2. 清单规则解读

1）木质门应区分镶板木门、企口木板门、实木装饰门、胶合板门、夹板装饰门、木纱门、全玻门（带木质扇框）、木质半玻门（带木质扇框）等项目，分别编码列项。

2）木门五金应包括：折页、插销、门碰珠、弓背拉手、搭机、木螺丝、弹簧折页（自动门）、管子拉手（自由门、地弹门）、地弹簧（地弹门）、角铁、门轧头（地弹门、自由门）等。

3）木质门带套计量按洞口尺寸以面积计算，不包括门套的面积，但门套应计算在综合单价中。

4）以樘计量，项目特征必须描述洞口尺寸；以平方米计量，项目特征可不描述洞口尺寸。

5）单独制作安装木门框按木门框项目编码列项。

6）木质防火门是指用木材或木材制品制作门框、门扇骨架、门扇面板，耐火极限达到《建筑设计防火规范》（GB 50016—2014）（2018 年版）规定的门。

8.2 金属门

1. 清单项目设置

金属门工程量清单项目设置、项目特征描述的内容、计量单位及工程量计算规则应按表 8-4 的规定执行。

2. 清单规则解读

1）金属门应区分金属平开门、金属推拉门、金属地弹门、全玻门（带金属扇框）、金属半玻门（带扇框）等项目，分别编码列项。

2）铝合金门五金包括：地弹簧、门锁、拉手、门插、门铰、螺丝等。

3）其他金属门五金包括 L 型执手插锁（双舌）、执手锁（单舌）、门轧头、地锁、防盗门机、门眼（猫眼）、门碰珠、电子锁（磁卡锁）、闭门器、装饰拉手等。

表 8-4 金属门（编码：010802）

项目编码	项目名称	项目特征描述	计量单位	工程量计算规则	工作内容
010802001	金属（塑钢）门	1. 门代号及洞口尺寸 2. 门框或扇外围尺寸 3. 门框、扇材质 4. 玻璃品种、厚度	1. 樘 2. m²	1. 以樘计量，按设计图示数量计算 2. 以平方米计量，按设计图示洞口尺寸以面积计算	1. 门安装 2. 五金安装 3. 玻璃安装
010802002	彩板门	1. 门代号及洞口尺寸 2. 门框或扇外围尺寸			
010802003	钢质防火门	1. 门代号及洞口尺寸 2. 门框或扇外围尺寸 3. 门框、扇材质			1. 门安装 2. 五金安装
010802004	防盗门				

4）以樘计量，项目特征必须描述洞口尺寸，没有洞口尺寸必须描述门框或扇外围尺寸；以平方米计量，项目特征可不描述洞口尺寸及框、扇的外围尺寸。

5）以平方米计量，无设计图示洞口尺寸，按门框、扇外围以面积计算。

6）防盗门配有防盗锁，在一定时间内（15min）可以抵抗一定条件下非正常开启（利用凿子、螺丝刀、撬棍等普通手工具和手电钻等便携式电动工具），具有一定安全防护性能并符合相应防盗安全级别的门。

8.3 金属卷帘（闸）门

1. 清单项目设置

金属卷帘（闸）门工程量清单项目设置、项目特征描述的内容、计量单位及工程量计算规则应按表 8-5 的规定执行。

表 8-5 金属卷帘（闸）门（编码：010803）

项目编码	项目名称	项目特征描述	计量单位	计算规则	工作内容
010803001	金属卷帘（闸）门	1. 门代号及洞口尺寸 2. 门材质 3. 启动装置品种、规格	1. 樘 2. m²	1. 以樘计量，按设计图示数量计算 2. 以平方米计量，按设计图示洞口尺寸以面积计算	1. 门运输、安装 2. 启动装置、活动小门、五金安装
010803002	防火卷帘（闸）门				

2. 清单规则解读

1）以樘计量，项目特征必须描述洞口尺寸；以平方米计量，项目特征可不描述洞口尺寸。

2）防火卷帘门是一种适用于建筑物较大洞口处的防火、隔热设施，广泛应用于工业与民用建筑的防火区间的隔断，能有效地阻止火势蔓延，保障生命财产安全，是现代建筑中不可缺少的防火设施。

8.4 厂库房大门、特种门

1. 清单项目设置

厂库房大门、特种门工程量清单项目设置、项目特征描述的内容、计量单位及工程量计算规则应按表 8-6 的规定执行。

表 8-6　厂库房大门、特种门（编码：010804）

项目编码	项目名称	项目特征描述	计量单位	计算规则	工作内容
010804001	木板大门	1. 门代号及洞口尺寸 2. 门框或扇外围尺寸 3. 门框、扇材质 4. 五金种类、规格 5. 防护材料种类	1. 樘 2. m²	1. 以樘计量，按设计图示数量计算 2. 以平方米计量，按设计图示洞口尺寸以面积计算	1. 门（骨架）制作、运输 2. 门、五金配件安装 3. 刷防护材料
010804002	钢木大门				
010804003	全钢板大门				
010804004	防护铁丝门			1. 以樘计量，按设计图示数量计算 2. 以平方米计量，按设计图示门框或扇以面积计算	
010804005	金属格栅门	1. 门代号及洞口尺寸 2. 门框或扇外围尺寸 3. 门框、扇材质 4. 启动装置的品种、规格		1. 以樘计量，按设计图示数量计算 2. 以平方米计量，按设计图示洞口尺寸以面积计算	1. 门安装 2. 启动装置、五金配件安装
010804006	钢质花饰大门	1. 门代号及洞口尺寸 2. 门框或扇外围尺寸 3. 门框、扇材质		1. 以樘计量，按设计图示数量计算 2. 以平方米计量，按设计图示门框或扇以面积计算	1. 门安装 2. 五金配件安装
010804007	特种门			1. 以樘计量，按设计图示数量计算 2. 以平方米计量，按设计图示洞口尺寸以面积计算	

2. 清单规则解读

1）特种门应区分冷藏门、冷冻间门、保温门、变电室门、隔音门、防射线门、人防门、金库门等项目，分别编码列项。

2）以樘计量，项目特征必须描述洞口尺寸，没有洞口尺寸必须描述门框或扇外围尺寸；以平方米计量，项目特征可不描述洞口尺寸及框、扇的外围尺寸。

3）以平方米计量，无设计图示洞口尺寸，按门框、扇外围以面积计算。

4）门开启方式指推拉或平开。

8.5 其他门

1. 清单项目设置

其他门工程量清单项目设置、项目特征描述的内容、计量单位及工程量计算规则应按表8-7的规定执行。

表8-7 其他门（编码：010805）

项目编码	项目名称	项目特征描述	计量单位	工程量计算规则	工作内容
010805001	电子感应门	1. 门代号及洞口尺寸 2. 门框或扇外围尺寸 3. 门框、扇材质 4. 玻璃品种、厚度 5. 启动装置的品种、规格 6. 电子配件品种、规格	1. 樘 2. m²	1. 以樘计量，按设计图示数量计算 2. 以平方米计量，按设计图示洞口尺寸以面积计算	1. 门安装 2. 启动装置、五金、电子配件安装
010805002	旋转门				
010805003	电子对讲门	1. 门代号及洞口尺寸 2. 门框或扇外围尺寸 3. 门材质 4. 玻璃品种、厚度 5. 启动装置的品种、规格 6. 电子配件品种、规格			
010805004	电动伸缩门				
010805005	全玻自由门	1. 门代号及洞口尺寸 2. 门框或扇外围尺寸 3. 框材质 4. 玻璃品种、厚度			1. 门安装 2. 五金安装
010805006	镜面不锈钢饰面门	1. 门代号及洞口尺寸 2. 门框或扇外围尺寸 3. 框、扇材质 4. 玻璃品种、厚度			
010805007	复合材料门				

2. 清单规则解读

1）以樘计量，项目特征必须描述洞口尺寸，没有洞口尺寸必须描述门框或扇外围尺寸；以平方米计量，项目特征可不描述洞口尺寸及框、扇的外围尺寸。

2）以平方米计量，无设计图示洞口尺寸，按门框、扇外围以面积计算。

8.6 木窗

1. 清单项目设置

木窗工程量清单项目设置、项目特征描述的内容、计量单位及工程量计算规则应按表8-8的规定执行。

表8-8 木窗（编码：010806）

项目编码	项目名称	项目特征描述	计量单位	工程量计算规则	工作内容
010806001	木质窗	1. 窗代号及洞口尺寸 2. 玻璃品种、厚度	1. 樘 2. m²	1. 以樘计量，按设计图示数量计算 2. 以平方米计量，按设计图示洞口尺寸以面积计算	1. 窗安装 2. 五金、玻璃安装
010806002	木飘（凸）窗			1. 以樘计量，按设计图示数量计算 2. 以平方米计量，按设计图示尺寸以框外围展开面积计算	1. 窗制作、运输、安装 2. 五金、玻璃安装 3. 刷防护材料
010806003	木橱窗	1. 窗代号 2. 框截面及外围展开面积 3. 玻璃品种、厚度 4. 防护材料种类			
010806004	木纱窗	1. 窗代号及框的外围尺寸 2. 窗纱材料品种、规格		1. 以樘计量，按设计图示数量计算 2. 以平方米计量，按框的外围尺寸以面积计算	1. 窗安装 2. 五金、玻璃安装

2. 清单规则解读

1）木质窗应区分木百叶窗、木组合窗、木天窗、木固定窗、木装饰空花窗等项目，分别编码列项。

2）以樘计量，项目特征必须描述洞口尺寸，没有洞口尺寸必须描述窗框外围尺寸；以平方米计量，项目特征可不描述洞口尺寸及框的外围尺寸。

3）以平方米计量，无设计图示洞口尺寸，按窗框外围以面积计算。

4）木橱窗、木飘（凸）窗以樘计量，项目特征必须描述框截面及外围展开面积。

5）木窗五金包括：折页、插销、风钩、木螺丝、滑轮滑轨（推拉窗）等。

6）窗开启方式指平开、推拉、上或中悬。

7）窗形状指矩形或异形。

8.7 金属窗

1. 清单项目设置

金属窗工程量清单项目设置、项目特征描述的内容、计量单位及工程量计算规则应按

表 8-9 的规定执行。

表 8-9　金属窗（编码：010807）

项目编码	项目名称	项目特征描述	计量单位	工程量计算规则	工作内容
010807001	金属（塑钢、断桥）窗	1. 窗代号及洞口尺寸 2. 框、扇材质 3. 玻璃品种、厚度	1. 樘 2. m²	1. 以樘计量，按设计图示数量计算 2. 以平方米计量，按设计图示洞口尺寸以面积计算	1. 窗安装 2. 五金、玻璃安装
010807002	金属防火窗	^	^	^	^
010807003	金属百叶窗	^	^	^	^
010807004	金属纱窗	1. 窗代号及框的外围尺寸 2. 框材质 3. 窗纱材料品种、规格	^	1. 以樘计量，按设计图示数量计算 2. 以平方米计量，按框的外围尺寸以面积计算	^
010807005	金属格栅窗	1. 窗代号及洞口尺寸 2. 框外围尺寸 3. 框、扇材质	^	1. 以樘计量，按设计图示数量计算 2. 以平方米计量，按设计图示洞口尺寸以面积计算	^
010807006	金属（塑钢、断桥）橱窗	1. 窗代号 2. 框外围展开面积 3. 框、扇材质 4. 玻璃品种、厚度 5. 防护材料种类	^	1. 以樘计量，按设计图示数量计算 2. 以平方米计量，按设计图示尺寸以框外围展开面积计算	1. 窗制作、运输、安装 2. 五金、玻璃安装 3. 刷防护材料
010807007	金属（塑钢、断桥）飘（凸）窗	1. 窗代号 2. 框外围展开面积 3. 框、扇材质 4. 玻璃品种、厚度	^	1. 以樘计量，按设计图示数量计算 2. 以平方米计量，按设计图示尺寸以框外围展开面积计算	1. 窗安装 2. 五金、玻璃安装
010807008	彩板窗	1. 窗代号及洞口尺寸 2. 框外围尺寸 3. 框、扇材质 4. 玻璃品种、厚度	^	1. 以樘计量，按设计图示数量计算 2. 以平方米计量，按设计图示洞口尺寸或框外围以面积计算	^
010807009	复合材料窗	^	^	^	^

2. 清单规则解读

1）金属窗应区分金属组合窗、防盗窗等项目，分别编码列项。

2）以樘计量，项目特征必须描述洞口尺寸，没有洞口尺寸必须描述窗框外围尺寸；以平方米计量，项目特征可不描述洞口尺寸及框的外围尺寸。

3）以平方米计量，无设计图示洞口尺寸，按窗框外围以面积计算。

4）金属橱窗、飘（凸）窗以樘计量，项目特征必须描述框外围展开面积。

5）金属窗中铝合金窗五金应包括：卡锁、滑轮、铰拉、执手、拉把、拉手、风撑、角码、牛角制等。

6）其他金属窗五金包括：折页、螺丝、执手、卡锁、风撑、滑轮、滑轨（推拉窗）等。

7）断桥窗是将铝合金窗框从中间断开，采用硬塑将断开的铝合金连为一体，由于塑料导热明显要比金属慢，这样热量就不容易通过整个材料，材料的隔热性能变好，这就是"断桥（铝合金）窗"的名字由来。

8.8 门窗套

1. 清单项目设置

门窗套工程量清单项目设置、项目特征描述的内容、计量单位及工程量计算规则应按表 8-10 的规定执行。

表 8-10 门窗套（编码：010808）

项目编码	项目名称	项目特征描述	计量单位	工程量计算规则	工作内容
010808001	木门窗套	1. 窗代号及洞口尺寸 2. 门窗套展开宽度 3. 基层材料种类 4. 面层材料品种、规格 5. 线条品种、规格 6. 防护材料种类	1. 樘 2. m² 3. m	1. 以樘计量，按设计图示数量计算 2. 以平方米计量，按设计图示尺寸以展开面积计算 3. 以米计量，按设计图示中心以延长米计算	1. 清理基层 2. 立筋制作、安装 3. 基层板安装 4. 面层铺贴 5. 线条安装 6. 刷防护材料
010808002	木筒子板	1. 筒子板宽度 2. 基层材料种类 3. 面层材料品种、规格 4. 线条品种、规格 5. 防护材料种类			
010808003	饰面夹板筒子板				
010808004	金属门窗套	1. 窗代号及洞口尺寸 2. 门窗套展开宽度 3. 基层材料种类 4. 面层材料品种、规格 5. 防护材料种类			1. 清理基层 2. 立筋制作、安装 3. 基层板安装 4. 面层铺贴 5. 刷防护材料
010808005	石材门窗套	1. 窗代号及洞口尺寸 2. 门窗套展开宽度 3. 粘结层厚度、砂浆配合比 4. 面层材料品种、规格 5. 线条品种、规格			1. 清理基层 2. 立筋制作、安装 3. 基层抹灰 4. 面层铺贴 5. 线条安装

(续)

项目编码	项目名称	项目特征描述	计量单位	工程量计算规则	工作内容
010808006	门窗木贴脸	1. 门窗代号及洞口尺寸 2. 贴脸板宽度 3. 防护材料种类	1. 樘 2. m	1. 以樘计量，按设计图示数量计算 2. 以米计量，按设计图示尺寸以延长米计算	安装
010808007	成品木门窗套	1. 门代号及洞口尺寸 2. 门窗套展开宽度 3. 门窗套材料品种、规格	1. 樘 2. m² 3. m	1. 以樘计量，按设计图示数量计算 2. 以平方米计量，按设计图示尺寸以展开面积计算 3. 以米计量，按设计图示中心以延长米计算	1. 清理基层 2. 立筋制作、安装 3. 板安装

2. 清单规则解读

1）以樘计量，项目特征必须描述洞口尺寸、门窗套展开宽度。

2）以平方米计量，项目特征可不描述洞口尺寸、门窗套展开宽度。

3）以米计量，项目特征必须描述门窗套展开宽度、筒子板及贴脸宽度。

4）门窗套包括筒子板和门贴脸，与墙连接在一起，如图 8-1 所示。

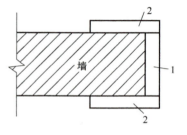

图 8-1 门窗套构造
1—筒子板 2—门贴脸

8.9 窗台板

1. 清单项目设置

窗台板工程量清单项目设置、项目特征描述的内容、计量单位及工程量计算规则应按表 8-11 的规定执行。

表 8-11 窗台板（编码：010809）

项目编码	项目名称	项目特征描述	计量单位	工程量计算规则	工作内容
010809001	木窗台板	1. 基层材料种类 2. 窗台面板材质、规格、颜色 3. 防护材料种类	m²	按设计图示尺寸以展开面积计算	1. 基层清理 2. 基层制作、安装 3. 窗台板制作、安装 4. 刷防护材料
010809002	铝塑窗台板				
010809003	金属窗台板				
010809004	石材窗台板	1. 粘结层厚度、砂浆配合比 2. 窗台板材质、规格、颜色			1. 基层清理 2. 抹找平层 3. 窗台板制作、安装

2. 清单规则解读

窗台板就是装饰窗台用的板，可以是木工用夹板、饰面板做成木饰面的形式，也可以是用人造石材、天然石材以及金属板材做的窗台板。

8.10 窗帘、窗帘盒、轨

1. 清单项目设置

窗帘、窗帘盒、轨工程量清单项目设置、项目特征描述的内容、计量单位及工程量计算规则应按表8-12的规定执行。

表8-12 窗帘、窗帘盒、轨（编码：010810）

项目编码	项目名称	项目特征描述	计量单位	工程量计算规则	工作内容
010810001	窗帘	1. 窗帘材质 2. 窗帘高度、宽度 3. 窗帘层数 4. 带幔要求	1. m 2. m²	1. 以米计量，按设计图示尺寸以成活后长度计算 2. 以平方米计量，按图示尺寸以成活后展开面积计算	1. 制作、运输 2. 安装
010810002	木窗帘盒	1. 窗帘盒材质、规格 2. 防护材料种类	m	按设计图示尺寸以长度计算	1. 制作、运输、安装 2. 刷防护材料
010810003	饰面夹板、塑料窗帘盒				
010810004	铝合金窗帘盒				
010810005	窗帘轨	1. 窗帘轨材质、规格 2. 轨的数量 3. 防护材料种类			

2. 清单规则解读

1）窗帘若是双层，项目特征必须描述每层材质。
2）窗帘以米计量，项目特征必须描述窗帘高度和宽度。

8.11 典型实例

【实例】门窗工程清单编制实例

某户居室门窗平面布置如图8-2所示，分户门为成品钢质防盗门，室内门为成品实木门带套，⑥轴上B轴至C轴间为成品塑钢门带窗（无门套）；①轴上C轴至E轴间为塑钢门，框边安装成品门套，展开宽度为350mm；所有窗为成品塑钢窗，具体尺寸详见表8-13。

根据以上背景资料及《建设工程工程量清单计价规范》（GB 50500—2013）、《房屋建筑与装饰工程工程量计算规范》（GB 50854—2013），试列出该户居室的门窗、门窗套的分部分项工程量清单。

8.11 【实例】门窗工程清单编制

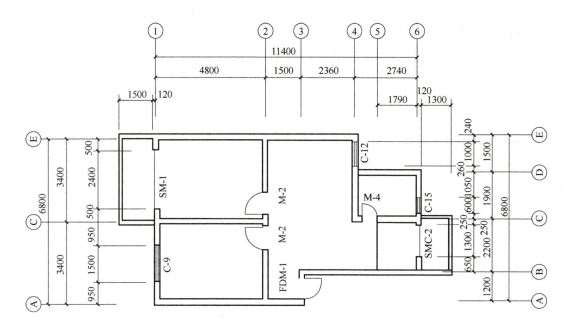

图 8-2 某户居室门窗平面布置图

表 8-13 某户居室门窗表

项目名称	代 号	洞口尺寸	备 注
成品钢质防盗门	FDM-1	800mm×2100mm	含锁、五金
成品实木门带套	M-2	800mm×2100mm	含锁、普通五金
	M-4	700mm×2100mm	
成品平开塑钢窗	C-9	1500mm×1500mm	夹胶玻璃（6mm + 2.5mm + 6mm），型材为塑钢90系列，普通五金
	C-12	1000mm×1500mm	
	C-15	600mm×1500mm	
成品塑钢门带窗	SMC-2	门（700mm×2100mm）窗（600mm×1500mm）	
成品塑钢门	SM-1	2400mm×2100mm	

【分析与解答】

（1）清单工程量计算分析　门窗的工程量可以选择以平方米计算工程量，计算时按设计图示洞口尺寸以面积计算。

根据背景资料，①轴上C轴至E轴间为塑钢门，框边安装成品门套。如图8-2所示，此门为SM-1。表8-10中的项目"成品木门窗套"即为此门的门套。

（2）编制分部分项工程项目清单　清单编制在表8-14已有正确列项的情况下，需按表8-3～表8-10的提示，根据工程背景准确描述其项目特征。分部分项工程清单与计价见

表8-15。

表8-14 清单工程量计算表（某户居室的门窗、门窗套）

序号	项目编码	项目名称	计 算 式	计量单位	工程量合计
1	010802004001	成品钢质防盗门	$S=0.8m \times 2.1m=1.68m^2$	m²	1.68
2	010801002001	成品实木门带套	$S=0.8m \times 2.1m \times 2+0.7m \times 2.1m \times 1=4.83m^2$		4.83
3	010807001001	成品平开塑钢窗	$S=1.5m \times 1.5m+1m \times 1.5m+0.6m \times 1.5m \times 2=5.55m^2$		5.55
4	010802001001	成品塑钢门	$S=0.7m \times 2.1m+2.4m \times 2.1m=6.51m^2$		6.51
5	010808007001	成品门套	$n=1$ 樘	樘	1

表8-15 分部分项工程清单与计价表（某户居室的门窗、门窗套）

序号	项目编码	项目名称	项目特征描述	计量单位	工程量	综合单价	合价
1	010802004001	成品钢质防盗门	1. 门代号及洞口尺寸：FDM-1（800mm×2100mm） 2. 门框、扇材质：钢质		1.68		
2	010801002001	成品实木门带套	门代号及洞口尺寸：M-2（800mm×2100mm）；M-4（700mm×2100mm）		4.83		
3	010807001001	成品平开塑钢窗	1. 窗代号及洞口尺寸：C-9（1500mm×1500mm）、C-12（1000mm×1500mm）、C-15（600mm×1500mm） 2. 框扇材质：塑钢90系列 3. 玻璃品种、厚度：夹胶玻璃（6mm+2.5mm+6mm）	m²	5.55		
4	010802001001	成品塑钢门	1. 门代号及洞口尺寸：SM-1、SMC-2，洞口尺寸详见门窗表8-3 2. 门框、扇材质：塑钢90系列 3. 玻璃品种、厚度：夹胶玻璃（6mm+2.5mm+6mm）		6.51		
5	010808007001	成品门套	1. 门代号及洞口尺寸：SM-1（2400mm×2100mm） 2. 门套展开宽度：350mm 3. 门套材料品种：成品实木门套	樘	1		

【学习评价】

序号	评价内容	评价标准	评价结果			
			优秀	良好	合格	不合格
1	清单列项	能正确列出门窗工程的项目名称				
2	清单工程量计算	能正确计算门窗工程的工程量				
3	分部分项工程项目清单	能根据工程背景准确描述门窗的项目特征				
		能准确填写清单编制表				
4		能否进行下一步学习	□能		□否	

任务 9
编制屋面及防水工程量清单

【任务背景】

房屋的屋面，地下室的墙面、地面，厨房、卫生间的楼地面以及其他与水接触的房间的楼地面都是需要进行防水的部位。从防水材料的种类来分，屋面有瓦屋面、型材屋面、阳光板屋面、玻璃钢屋面和膜结构屋面等。从防水层的做法分，有卷材防水、涂膜防水、防水砂浆防水和细石混凝土刚性层防水等多种防水做法。本任务主要介绍屋面及防水工程量清单的编制。

【任务目标】

1. 能正确描述瓦屋面、型材屋面及屋面防水（卷材防水、刚性防水）的工程量计算规则。
2. 会编制瓦屋面、型材屋面、屋面防水（卷材防水、刚性防水）的工程量清单。
3. 培养学生的质量意识和安全意识。

【任务实施】

包括屋面工程、防水工程的清单编制等工作任务。

编制屋面工程的清单
↓
编制防水工程的清单

1. 分析学习难点

1）掌握屋面卷材防水、涂膜防水、屋面刚性层的工程量计算。
2）理解屋面坡度延长系数 C 和隅延长系数 D。

2. 条件需求与准备

1）《房屋建筑与装饰工程工程量计算规范》（GB 50854—2013）。
2）某工程的建筑施工图。
3）其他相关的规范图集。

3. 操作时间安排

共计 4 课时，其中任务实操 2 课时，理论学习 2 课时。

某工程1#楼建筑施工图09-屋顶层平面图

某工程1#楼建筑施工图12-1-1、2-2 剖面图

某工程1#楼建筑施工图17-建筑构造做法表

4. 任务实操训练

（1）任务下达　识读电子资源附录一中某工程1#楼建筑施工图09-屋顶层平面图、某工程1#楼建筑施工图12-1-1、2-2 剖面图、某工程1#楼建筑施工图17-建筑构造做法表等建筑

施工图。编制不上人屋面（对应结构标高为36.89m区域范围）防水卷材、防水涂料、屋面刚性层的工程量清单（屋面卷材防水、涂膜防水清单项目，女儿墙弯起部分的工程量并入屋面工程量内）。

（2）分析与解题过程

1）写出不上人屋面（对应结构标高为36.89m区域范围）构造做法，写出屋面防水层的清单项目名称。

2）清单工程量计算。
① 计算屋面防水的水平投影面积。

② 计算屋面防水在女儿墙处弯起部分的面积。

③ 计算屋面卷材防水、涂膜防水的清单工程量。

④ 计算屋面刚性层的清单工程量。

3）编制分部分项工程项目清单。填写清单工程量计算表（表9-1），根据工程背景准确描述其项目特征，依据《房屋建筑与装饰工程工程量计算规范》（GB 50854—2013）填写分部分项工程清单与计价表（表9-2）。

表9-1 清单工程量计算表

序号	项目编码	项目名称	计算式	计量单位	工程量合计
1					
2					
3					

表9-2 分部分项工程清单与计价表

序号	项目编码	项目名称	项目特征描述	计量单位	工程量	综合单价	合价
1							
2							
3							

【知识链接】

9.1 瓦屋面、型材屋面及其他屋面

1. 清单项目设置

瓦屋面、型材屋面及其他屋面工程量清单项目设置、项目特征描述的内容、计量单位及工程量计算规则应按表 9-3 的规定执行。

9.1 编制瓦屋面工程量清单

表 9-3 瓦、型材及其他屋面（编码：010901）

项目编码	项目名称	项目特征描述	计量单位	工程量计算规则	工作内容
010901001	瓦屋面	1. 瓦品种、规格 2. 粘结层砂浆的配合比	m²	按设计图示尺寸以斜面积计算。不扣除房上烟囱、风帽底座、风道、小气窗、斜沟等所占面积。小气窗的出檐部分不增加面积	1. 砂浆制作、运输、摊铺、养护 2. 安瓦、作瓦脊
010901002	型材屋面	1. 型材品种、规格 2. 金属檩条材料品种、规格 3. 接缝、嵌缝材料种类			1. 檩条制作、运输、安装 2. 屋面型材安装 3. 接缝、嵌缝
010901003	阳光板屋面	1. 阳光板品种、规格 2. 骨架材料品种、规格 3. 接缝、嵌缝材料种类 4. 油漆品种、刷漆遍数		按设计图示尺寸以斜面积计算。不扣除屋面面积≤0.3m² 孔洞所占面积	1. 骨架制作、运输、安装、刷防护材料、油漆 2. 阳光板安装 3. 接缝、嵌缝
010901004	玻璃钢屋面	1. 玻璃钢品种、规格 2. 骨架材料品种、规格 3. 玻璃钢固定方式 4. 接缝、嵌缝材料种类 5. 油漆品种、刷漆遍数			1. 骨架制作、运输、安装、刷防护材料、油漆 2. 玻璃钢制作、安装 3. 接缝、嵌缝
010901005	膜结构屋面	1. 膜布品种、规格 2. 支柱（网架）钢材品种、规格 3. 钢丝绳品种、规格 4. 锚固基座做法 5. 油漆品种、刷漆遍数		按设计图示尺寸以需要覆盖的水平投影面积计算	1. 膜布热压胶接 2. 支柱（网架）制作、安装 3. 膜布安装 4. 穿钢丝绳、锚头锚固 5. 锚固基座、挖土、回填 6. 刷防护材料，油漆

2. 清单规则解读

1）瓦屋面若是在木基层上铺瓦，项目特征不必描述粘结层砂浆的配合比；瓦屋面铺防水层，按《房屋建筑与装饰工程工程量计算规范》（GB 50854—2013）中"屋面防水及其他"中的相关项目编码列项。

2）型材屋面、阳光板屋面、玻璃钢屋面的柱、梁、屋架，按《房屋建筑与装饰工程工程量计算规范》中金属结构工程、木结构工程中相关项目编码列项。

3）与坡屋顶相关的参数。与坡屋顶相关的参数如图9-1所示，参数的具体应用有：

① 屋顶斜面积。四坡水屋面（图中 α 角相等）斜面积为屋面水平投影面积乘以延长系数 C。

② 屋面斜脊长度。屋面斜脊长度 $=AD$（图中 $S=A$），D 为隅延长系数。

③ 沿山墙泛水长度。沿山墙泛水长度 $=AC$。

不同屋面坡度的延长系数 C 和隅延长系数 D 见表9-4。

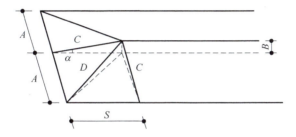

图 9-1　屋面坡度系数各参数释义图

表 9-4　不同屋面坡度延长系数表

坡度比例	角度	延长系数 C	隅延长系数 D
1∶1	45°	1.4142	1.7321
1∶1.5	33°40′	1.2015	1.5620
1∶2	26°34′	1.1180	1.5000
1∶2.5	21°48′	1.0770	1.4697
1∶3	18°26′	1.0541	1.4530

9.2　屋面防水及其他

1. 清单项目设置

屋面防水及其他工程量清单项目设置、项目特征描述的内容、计量单位及工程量计算规则应按表9-5的规定执行。

2. 清单规则解读

1）屋面刚性层防水，按屋面卷材防水、屋面涂膜防水项目分别编码列项；屋面刚性层无钢筋，其钢筋项目特征不必描述。

2）屋面找平层按《房屋建筑与装饰工程工程量计算规范》中楼地面装饰工程"平面砂浆找平层"项目编码列项。

3）屋面防水搭接及附加层用量不另行计算，在综合单价中考虑。

表 9-5　屋面防水及其他（编码：010902）

项目编码	项目名称	项目特征描述	计量单位	工程量计算规则	工作内容
010902001	屋面卷材防水	1. 卷材品种、规格、厚度 2. 防水层数 3. 防水层做法	m²	按设计图示尺寸以面积计算 1. 斜屋顶（不包括平屋顶找坡）按斜面积计算，平屋顶按水平投影面积计算 2. 不扣除房上烟囱、风帽底座、风道、屋面小气窗和斜沟所占面积 3. 屋面的女儿墙、伸缩缝和天窗等处的弯起部分，并入屋面工程量内	1. 基层处理 2. 刷底油 3. 铺油毡卷材、接缝
010902002	屋面涂膜防水	1. 防水膜品种 2. 涂膜厚度、遍数 3. 增强材料种类	m²		1. 基层处理 2. 刷基层处理剂 3. 铺布、喷涂防水层
010902003	屋面刚性层	1. 刚性层厚度 2. 混凝土种类 3. 混凝土强度等级 4. 嵌缝材料种类 5. 钢筋规格、型号	m²	按设计图示尺寸以面积计算。不扣除房上烟囱、风帽底座、风道等所占面积	1. 基层处理 2. 混凝土制作、运输、铺筑、养护 3. 钢筋制作安装
010902004	屋面排水管	1. 排水管品种、规格 2. 雨水斗、山墙出水口品种、规格 3. 接缝、嵌缝材料种类 4. 油漆品种、刷漆遍数	m	按设计图示尺寸以长度计算。如设计未标注尺寸，以檐口至设计室外散水上表面垂直距离计算	1. 排水管及配件安装、固定 2. 雨水斗山墙出水口、雨水算子安装 3. 接缝、嵌缝 4. 刷漆
010902005	屋面排（透）气管	1. 排（透）气管品种、规格 2. 接缝、嵌缝材料种类 3. 油漆品种、刷漆遍数	m	按设计图示尺寸以长度计算	1. 排（透）气管及配件安装、固定 2. 铁件制作、安装 3. 接缝、嵌缝 4. 刷漆
010902006	屋面（廊、阳台）泄（吐）水管	1. 吐水管品种、规格 2. 接缝、嵌缝材料种类 3. 吐水管长度 4. 油漆品种、刷漆遍数	根（个）	按设计图示数量计算	1. 吐水管及配件安装、固定 2. 接缝、嵌缝 3. 刷漆

(续)

项目编码	项目名称	项目特征描述	计量单位	工程量计算规则	工作内容
010902007	屋面天沟、檐沟	1. 材料品种、规格 2. 接缝、嵌缝材料种类	m²	按设计图示尺寸以展开面积计算	1. 天沟材料铺设 2. 天沟配件安装 3. 接缝、嵌缝 4. 刷防护材料
010902008	屋面变形缝	1. 嵌缝材料种类 2. 止水带材料种类 3. 盖缝材料 4. 防护材料种类	m	按设计图示以长度计算	1. 清缝 2. 填塞防水材料 3. 止水带安装 4. 盖缝制作、安装 5. 刷防护材料

9.3 墙面防水、防潮

1. 清单项目设置

墙面防水、防潮工程量清单项目设置、项目特征描述的内容、计量单位及工程量计算规则应按表9-6的规定执行。

表9-6 墙面防水、防潮（编码：010903）

项目编码	项目名称	项目特征描述	计量单位	计算规则	工作内容
010903001	墙面卷材防水	1. 卷材品种、规格、厚度 2. 防水层数 3. 防水层做法	m²	按设计图示尺寸以面积计算	1. 基层处理 2. 刷粘结剂 3. 铺防水卷材 4. 接缝、嵌缝
010903002	墙面涂膜防水	1. 防水膜品种 2. 涂膜厚度、遍数 3. 增强材料种类	m²	按设计图示尺寸以面积计算	1. 基层处理 2. 刷基层处理剂 3. 铺布、喷涂防水层
010903003	墙面砂浆防水（防潮）	1. 防水层做法 2. 砂浆厚度、配合比 3. 钢丝网规格	m²	按设计图示尺寸以面积计算	1. 基层处理 2. 挂钢丝网片 3. 设置分格缝 4. 砂浆制作、运输、摊铺、养护
010903004	墙面变形缝	1. 嵌缝材料种类 2. 止水带材料种类 3. 盖缝材料 4. 防护材料种类	m	按设计图示以长度计算	1. 清缝 2. 填塞防水材料 3. 止水带安装 4. 盖缝制作、安装 5. 刷防护材料

2. 清单规则解读

1）墙面防水搭接及附加层用量不另行计算，在综合单价中考虑。

2）墙面变形缝，若做双面，工程量乘系数2。

3）墙面找平层按《房屋建筑与装饰工程工程量计算规范》（GB 50854—2013）中墙、柱面装饰与隔断、幕墙工程"立面砂浆找平层"项目编码列项。

9.4 楼（地）面防水、防潮

1. 清单项目设置

楼（地）面防水、防潮工程量清单项目设置、项目特征描述的内容、计量单位及工程量计算规则应按表9-7的规定执行。

表9-7 楼（地）面防水、防潮（编码：010904）

项目编码	项目名称	项目特征描述	计量单位	工程量计算规则	工作内容
010904001	楼（地）面卷材防水	1. 卷材品种、规格、厚度 2. 防水层数 3. 防水层做法 4. 反边高度	m^2	按设计图示尺寸以面积计算 1. 楼（地）面防水：按主墙间净空面积计算，扣除凸出地面的构筑物、设备基础等所占面积，不扣除间壁墙及单个面积≤0.3m^2柱、垛、烟囱和孔洞所占面积 2. 楼（地）面防水反边高度≤300mm算作地面防水，反边高度>300mm算作墙面防水	1. 基层处理 2. 刷粘结剂 3. 铺防水卷材 4. 接缝、嵌缝
010904002	楼（地）面涂膜防水	1. 防水膜品种 2. 涂膜厚度、遍数 3. 增强材料种类 4. 反边高度			1. 基层处理 2. 刷基层处理剂 3. 铺布、喷涂防水层
010904003	楼（地）面砂浆防水（防潮）	1. 防水层做法 2. 砂浆厚度、配合比 3. 反边高度			1. 基层处理 2. 砂浆制作、运输、摊铺、养护
010904004	楼（地）面变形缝	1. 嵌缝材料种类 2. 止水带材料种类 3. 盖缝材料 4. 防护材料种类	m	按设计图示以长度计算	1. 清缝 2. 填塞防水材料 3. 止水带安装 4. 盖缝制作、安装 5. 刷防护材料

2. 清单规则解读

1）楼（地）面防水找平层按《房屋建筑与装饰工程工程量计算规范》（GB 50854—2013）中楼地面装饰工程"平面砂浆找平层"项目编码列项。

2）楼（地）面防水搭接及附加层用量不另行计算，在综合单价中考虑。

9.5 典型实例

【实例】屋面卷材防水等工程量清单编制

9.5 【实例】屋面卷材防水等工程量清单编制

某工程 SBS 改性沥青卷材防水屋面平面图、剖面图如图 9-2 所示，自结构层由下向上的屋面构造做法为：钢筋混凝土板上用 1:12 水泥珍珠岩找坡，坡度 2%，最薄处 60mm；保温隔热层上抹 1:3 水泥砂浆找平层，反边高 300mm；在找平层上刷冷底子油，加热烤铺，贴 3mm 厚 SBS 改性沥青防水卷材一道，反边高 300mm；在防水卷材上抹 1:2.5 水泥砂浆找平层，反边高 300mm。不考虑嵌缝，使用中砂作为砂浆拌合料，女儿墙不计算，未列项目不补充。

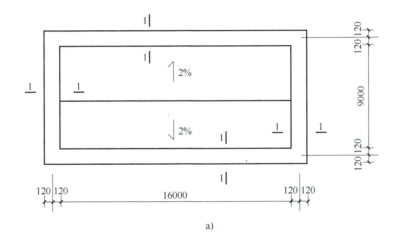

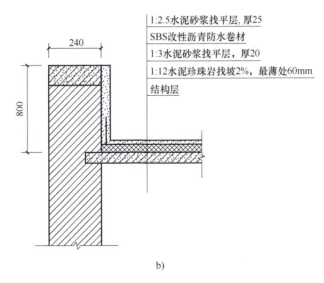

图 9-2 屋面平面图及剖面图
a) 屋面平面图 b) 1—1 剖面图

根据以上背景资料及《建设工程工程量清单计价规范》（GB 50500—2013）、《房屋建筑与装饰工程工程量计算规范》（GB 50854—2013），试列出该屋面找平层、保温及卷材防水分部分项工程量清单。

【分析与解答】

(1) 清单工程量计算分析

1) 按表10-3，保温隔热屋面的工程量按设计图示尺寸以面积计算。

2) 按表9-5，屋面卷材防水工程量按设计图示尺寸以面积计算，四周女儿墙等弯起部分，并入屋面工程量内。根据题意，女儿墙反边高300mm，四周反边的工程量为 $[(16+9)\times 2\times 0.3]$ m² = 15m²。

3) 按表11-3，屋面找平层的工程量按设计图示尺寸以面积计算。根据题意，屋面找平层同样设置反边300mm。

4) 从图9-2及相关背景材料可知，屋面共设两道找平层，均设反边，厚度分别是25mm和20mm，水泥砂浆的配合比不同，分别为1:2.5和1:3，因此清单列项时，两道找平层应分开列项，见表9-8。

表9-8　清单工程量计算表（某工程屋面）

序号	项目编码	项目名称	计算式	计量单位	工程量合计
1	011001001001	屋面保温	$S=(16-0.24)\text{m}\times(9-0.24)\text{m}=138.06\text{m}^2$	m²	138.06
2	010902001001	屋面卷材防水	$S=[138.06+(16-0.24+9-0.24)\times 2\times 0.3]\text{m}^2=152.77\text{m}^2$	m²	152.77
3	011101006001	屋面找平层	$S=[138.06+(16-0.24+9-0.24)\times 2\times 0.3]\text{m}^2=152.77\text{m}^2$	m²	152.77
4	011101006002				152.77

(2) 编制分部分项工程项目清单　清单编制在表9-8已有相关列项的情况下，需按规范的提示，根据工程背景准确描述其项目特征。分部分项工程清单与计价见表9-9。

表9-9　分部分项工程清单与计价表（某工程屋面）

序号	项目编码	项目名称	项目特征描述	计量单位	工程量	综合单价	合价
1	011001001001	屋面保温	1. 材料品种：1:12水泥珍珠岩 2. 保温厚度：最薄处60mm	m²	138.06		
2	010902001001	屋面卷材防水	1. 卷材品种、规格、厚度：3mm厚SBS改性沥青防水卷材 2. 防水层数：一道 3. 防水层做法：卷材底刷冷底子油、加热烤铺	m²	152.77		
3	011101006001	屋面找平层	找平层厚度、砂浆配合比：20mm厚1:3水泥砂浆找平层（防水底层）	m²	152.77		
4	011101006002	屋面找平层	找平层厚度、砂浆配合比：25mm厚1:2.5水泥砂浆找平层（防水面层）	m²	152.77		

【学习评价】

序号	评价内容	评价标准	评价结果			
			优秀	良好	合格	不合格
1	清单列项	能正确列出项目名称				
2	清单工程量计算	能正确计算瓦屋面、屋面卷材防水、屋面刚性层、厨房、卫间防水等项目的清单工程量				
3	分部分项工程项目清单	能根据工程背景准确描述项目特征				
		能准确编制工程项目清单				
4		能否进行下一步学习		□能	□否	

任务 10

编制保温、隔热、防腐工程量清单

任务 10　编制保温、隔热、防腐工程量清单

【任务背景】

随着绿色建筑的推广，建筑节能技术的应用越来越广泛。建筑节能的途径之一是减少建筑围护结构的能量损失。建筑物围护结构的能量损失主要来自外墙、门窗、屋顶等部位。这三个部位的节能技术各国建筑界都非常关注。主要发展方向是，采用保温、隔热材料和切实可行的构造技术，以提高围护结构的保温、隔热性能和密闭性能。建筑用的保温、隔热材料主要有岩棉、矿渣棉、玻璃棉、聚苯乙烯泡沫、膨胀珍珠岩、膨胀蛭石、加气混凝土等。本任务主要介绍保温、隔热及防腐工程量清单的编制。

【任务目标】

1. 能正确描述保温、隔热、防腐工程的工程量计算规则。
2. 会依据图纸、规范进行保温、隔热、防腐等工程项目的工程量清单编制。
3. 会准确分析墙面、屋面节能对绿色建筑运营的影响，培养学生绿色节能、生态环保的生活态度。

【任务实施】

包括保温隔热工程、防腐工程的清单编制等工作任务。

1. 分析学习难点
1）理解保温隔热屋面、保温隔热墙面的构造做法。
2）掌握保温隔热屋面、保温隔热墙面的清单工程量计算。

2. 条件需求与准备
1）《房屋建筑与装饰工程工程量计算规范》（GB 50854—2013）。
2）某工程项目的建筑施工图。
3）其他相关的规范图集。

3. 操作时间安排
共计 4 课时，其中任务实操 2 课时，理论学习 2 课时。

4. 任务实操训练
（1）任务下达　识读电子资源附录一中某工程 1#楼建筑施工图 09-屋顶层平面图、某工程 1#楼建筑施工图 12-1-1、2-2 剖面图、某工程 1#楼建筑施工图 17-建筑构造做法表等施工图，编制屋面（结构标高 36.89m 区域范围）保温隔热的工程量清单。
（2）分析与解题过程
1）清单列项分析及工程量计算。
① 屋面保温隔热构造做法类型，清单列项名称。

145

② 计算屋面保温隔热工程的清单工程量。

2）编制分部分项工程项目清单。填写清单工程量计算表（表10-1），根据工程背景准确描述其项目特征，依据《房屋建筑与装饰工程工程量计算规范》（GB 50854—2013）填写分部分项工程清单与计价表（表10-2）。

表10-1　清单工程量计算表

序号	项目编码	项目名称	计算式	计量单位	工程量合计
1					
2					

表10-2　分部分项工程清单与计价表

序号	项目编码	项目名称	项目特征描述	计量单位	工程量	综合单价	合价
1							
2							

【知识链接】

10.1　保温、隔热

1. 清单项目设置

保温、隔热工程量清单项目设置、项目特征描述的内容、计量单位及工程量计算规则应按表10-3的规定执行。

2. 清单规则解读

1）保温隔热装饰面层，按《房屋建筑与装饰工程工程量计算规范》（GB 50854—2013）相关项目编码列项；仅做找平层按《房屋建筑与装饰工程工程量计算规范》（GB 50854—2013）中"平面砂浆找平层"或"立面砂浆找平层"项目编码列项。

2）柱帽保温隔热应并入天棚保温隔热工程量内。

3）池槽保温隔热应按其他保温隔热项目编码列项。

4）保温隔热方式：指内保温、外保温、夹心保温。

5）保温柱、梁适用于不与墙、天棚相连的独立柱、梁。

表 10-3　保温、隔热（编码：011001）

项目编码	项目名称	项目特征描述	计量单位	工程量计算规则	工作内容
011001001	保温隔热屋面	1. 保温隔热材料品种、规格、厚度 2. 隔气层材料品种、厚度 3. 粘结材料种类、做法 4. 防护材料种类、做法	m^2	按设计图示尺寸以面积计算。扣除面积＞$0.3m^2$孔洞及占位面积	1. 基层清理 2. 刷粘结材料 3. 铺粘保温层 4. 铺、刷（喷）防护材料
011001002	保温隔热天棚	1. 保温隔热面层材料品种、规格、性能 2. 保温隔热材料品种、规格及厚度 3. 粘结材料种类及做法 4. 防护材料种类及做法		按设计图示尺寸以面积计算。扣除面积＞$0.3m^2$上柱、垛、孔洞所占面积，与天棚相连的梁按展开面积计算并入天棚工程量内	
011001003	保温隔热墙面	1. 保温隔热部位 2. 保温隔热方式 3. 踢脚线、勒脚线保温做法		按设计图示尺寸以面积计算。扣除门窗洞口以及面积＞$0.3m^2$梁、孔洞所占面积；门窗洞口侧壁以及与墙相连的柱，并入保温墙体工程量内	1. 基层清理 2. 刷界面剂 3. 安装龙骨 4. 填贴保温材料 5. 保温板安装 6. 粘贴面层 7. 铺设增强格网、抹抗裂防水砂浆面层 8. 嵌缝 9. 铺、刷（喷）防护材料
011001004	保温柱、梁	4. 龙骨材料品种、规格 5. 保温隔热面层材料品种、规格、性能 6. 保温隔热材料品种、规格及厚度 7. 增强网及抗裂防水砂浆种类 8. 粘结材料种类及做法 9. 防护材料种类及做法		按设计图示尺寸以面积计算 1. 柱按设计图示柱断面保温层中心线展开长度乘保温层高度以面积计算，扣除面积＞$0.3m^2$梁所占面积 2. 梁按设计图示梁断面保温层中心线展开长度乘保温层长度以面积计算	

(续)

项目编码	项目名称	项目特征描述	计量单位	工程量计算规则	工作内容
011001005	保温隔热楼地面	1. 保温隔热部位 2. 保温隔热材料品种、规格、厚度 3. 隔气层材料品种、厚度 4. 粘结材料种类、做法 5. 防护材料种类、做法	m²	按设计图示尺寸以面积计算。扣除面积>0.3m²柱、垛、孔洞所占面积。门洞、空圈、暖气包槽、壁龛的开口部分不增加面积	1. 基层清理 2. 刷粘结材料 3. 铺粘保温层 4. 铺、刷（喷）防护材料
011001006	其他保温隔热	1. 保温隔热部位 2. 保温隔热方式 3. 隔气层材料品种、厚度 4. 保温隔热面层材料品种、规格、性能 5. 保温隔热材料品种、规格及厚度 6. 粘结材料种类及做法 7. 增强网及抗裂防水砂浆种类 8. 防护材料种类及做法		按设计图示尺寸以展开面积计算。扣除面积>0.3m²孔洞及占位面积	1. 基层清理 2. 刷界面剂 3. 安装龙骨 4. 填贴保温材料 5. 保温板安装 6. 粘贴面层 7. 铺设增强格网、抹抗裂防水砂浆面层 8. 嵌缝 9. 铺、刷（喷）防护材料

10.2　防腐面层

1. 清单项目设置

防腐面层工程量清单项目设置、项目特征描述的内容、计量单位及工程量计算规则应按表10-4的规定执行。

2. 清单规则解读

1）防腐砂浆面层，可经受叉车、卡车长期碾压，使地面重度耐腐蚀、耐强酸碱、耐化学溶剂、耐冲击、防地面龟裂。防腐面层适用于电镀厂、电池厂、化工厂、电解池、制药厂、酸碱中和池等场所的地面、墙面及设备表面。

2）防腐踢脚线，应按《房屋建筑与装饰工程工程量计算规范》（GB 50854—2013）中"踢脚线"项目编码列项。

3）"防腐混凝土面层""防腐砂浆面层""防腐胶泥面层"项目适用于平面或立面的水玻璃混凝土、水玻璃砂浆、水玻璃胶泥、沥青混凝土、沥青砂浆、沥青胶泥、树脂混凝土、树脂砂浆、树脂胶泥及聚合物水泥砂浆等防腐工程。

表 10-4　　防腐面层（编码：011002）

项目编码	项目名称	项目特征描述	计量单位	工程量计算规则	工作内容
011002001	防腐混凝土面层	1. 防腐部位 2. 面层厚度 3. 混凝土种类 4. 胶泥种类、配合比	m²	按设计图示尺寸以面积计算 1. 平面防腐：扣除凸出地面的构筑物、设备基础等以及面积>0.3m²孔洞、柱、垛等所占面积，门洞、空圈、暖气包槽、壁龛的开口部分不增加面积 2. 立面防腐：扣除门、窗、洞口以及面积>0.3m²孔洞、梁所占面积，门、窗、洞口侧壁、垛凸出部分按展开面积并入墙面积内	1. 基层清理 2. 基层刷稀胶泥 3. 混凝土制作、运输、摊铺、养护
011002002	防腐砂浆面层	1. 防腐部位 2. 面层厚度 3. 砂浆、胶泥种类、配合比			1. 基层清理 2. 基层刷稀胶泥 3. 砂浆制作、运输、摊铺、养护
011002003	防腐胶泥面层	1. 防腐部位 2. 面层厚度 3. 胶泥种类、配合比			1. 基层清理 2. 胶泥调制、摊铺
011002004	玻璃钢防腐面层	1. 防腐部位 2. 玻璃钢种类 3. 贴布材料的种类、层数 4. 面层材料品种			1. 基层清理 2. 刷底漆、刮腻子 3. 胶浆配制、涂刷 4. 粘布、涂刷面层
011002005	聚氯乙烯板面层	1. 防腐部位 2. 面层材料品种、厚度 3. 粘结材料种类			1. 基层清理 2. 配料、涂胶 3. 聚氯乙烯板铺设
011002006	块料防腐面层	1. 防腐部位 2. 块料品种、规格 3. 粘结材料种类 4. 勾缝材料种类			1. 基层清理 2. 铺贴块料 3. 胶泥调制、勾缝
011002007	池、槽块料防腐面层	1. 防腐池、槽名称、代号 2. 块料品种、规格 3. 粘结材料种类 4. 勾缝材料种类		按设计图示尺寸以展开面积计算	1. 基层清理 2. 铺贴块料 3. 胶泥调制、勾缝

4）"玻璃钢防腐面层"项目适用于树脂胶料与增强材料复合塑制而成的玻璃钢防腐。

5）"聚氯乙烯板面层"项目适用于地面、墙面的软、硬聚氯乙烯板防腐工程。

6）"块料防腐面层"项目适用于地面、沟槽、基础的各类块料防腐工程。

10.3　其他防腐

1. 清单项目设置

其他防腐工程量清单项目设置、项目特征描述的内容、计量单位及工程量计算规则应按

表 10-5 的规定执行。

表 10-5 其他防腐（编码：011003）

项目编码	项目名称	项目特征描述	计量单位	工程量计算规则	工作内容
011003001	隔离层	1. 隔离层部位 2. 隔离层材料品种 3. 隔离层做法 4. 粘贴材料种类	m²	按设计图示尺寸以面积计算 1. 平面防腐：扣除凸出地面的构筑物、设备基础等以及面积>0.3m²孔洞、柱、垛等所占面积，门洞、空圈、暖气包槽、壁龛的开口部分不增加面积 2. 立面防腐：扣除门、窗、洞口以及面积>0.3m²孔洞、梁所占面积，门、窗、洞口侧壁、垛凸出部分按展开面积并入墙面积内	1. 基层清理、刷油 2. 煮沥青 3. 胶泥调制 4. 隔离层铺设
011003002	砌筑沥青浸渍砖	1. 砌筑部位 2. 浸渍砖规格 3. 胶泥种类 4. 浸渍砖砌法	m³	按设计图示尺寸以体积计算	1. 基层清理 2. 胶泥调制 3. 浸渍砖铺砌
011003003	防腐涂料	1. 涂刷部位 2. 基层材料类型 3. 刮腻子的种类、遍数 4. 涂料品种、刷涂遍数	m²	按设计图示尺寸以面积计算 1. 平面防腐：扣除凸出地面的构筑物、设备基础等以及面积>0.3m²孔洞、柱、垛等所占面积，门洞、空圈、暖气包槽、壁龛的开口部分不增加面积 2. 立面防腐：扣除门、窗、洞口以及面积>0.3m²孔洞、梁所占面积，门、窗、洞口侧壁、垛凸出部分按展开面积并入墙面积内	1. 基层清理 2. 刮腻子 3. 刷涂料

2. 清单规则解读

1）浸渍砖砌法指平砌、立砌。

2）"隔离层"项目适用于楼地面的沥青类、树脂玻璃钢类防腐工程隔离层。

3）"砌筑沥青浸渍砖"项目适用于浸渍标准砖的铺砌。

4）"防腐涂料"项目适用于建筑物、构筑物以及钢结构的防腐。

10.4 典型实例

【实例 1】 屋面保温工程的工程量清单编制实例

10.4 【实例 1】
屋面保温
工程的工
程量清单编制

某三类工程，屋顶平面如图 10-1 所示，屋顶女儿墙（含屋面上人孔四周墙体）采用 100mm 厚混凝土浇筑，女儿墙高 900mm。屋面构造从下至上依次为：钢筋混凝土屋面板→轻质混凝土找坡，最薄处 50mm 厚→20mm 厚 1:3 水泥砂浆找平层→4mm 厚 APP 改性沥青防水卷材→40mm 厚防火岩棉板→40mm 厚细石混凝土（双向配筋）。

根据以上背景资料及《建设工程工程量清单计价规范》（GB 50500—2013）、《房屋建筑与装饰工程工程量计算规范》（GB 50854—2013），试编制该工程屋面保温、防水、屋面刚性层、找平层等的分部分项工程量清单。注意：防水卷材泛水高度按 250mm 考虑，如图 10-2 所示。

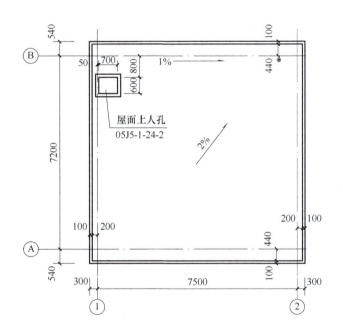

图 10-1 屋顶平面图

【分析与解答】

（1）清单工程量计算分析

1）保温隔热工程工程量计算。根据保温隔热屋面的工程量计算规则，其工程量按设计图示尺寸以面积计算。扣除面积 >0.3m² 的孔洞及占位面积。

确定屋面面积：$(7.5+0.2\times2)\mathrm{m}\times(7.2+0.44\times2)\mathrm{m}=63.832\mathrm{m}^2$

计算屋面保温层的工程量：

$$S_{保温}=S_{屋面}-S_{上人孔}=63.832\mathrm{m}^2-(0.6+0.05\times2\times2)\mathrm{m}\times$$
$$(0.7+0.05\times2\times2)\mathrm{m}=63.832\mathrm{m}^2-0.72\mathrm{m}^2=63.11\mathrm{m}^2$$

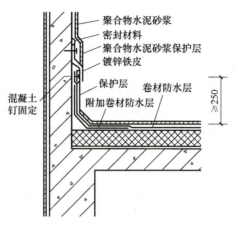

图 10-2 女儿墙泛水构造做法

2) 屋面防水工程工程量计算。屋面防水工程工程量规则规定按设计图示尺寸以面积计算,屋面女儿墙等处的弯起部分并入屋面工程量内。注意需要考虑上人孔四周的弯起部分。

$$S_{防水} = S_{屋面} - S_{上人孔} + S_{卷边} = [63.832 - 0.72 + (7.5 + 0.2 \times 2 + 7.2 + 0.44 \times 2) \times 2 \times 0.25 + (0.8 + 0.9) \times 2 \times 0.25] m^2 = 71.95 m^2$$

3) 屋面刚性层、找平层工程量计算。根据屋面刚性层及找平层的工程量计算规则可知,屋面刚性层、找平层与保温层铺设面积相同,故刚性层、找平层工程量均为 $63.11 m^2$。

(2) 编制分部分项工程项目清单 分部分项工程清单与计价见表 10-6。需按规范的提示,根据工程背景准确描述其项目特征。

表 10-6 分部分项工程清单与计价表(某屋顶)

序号	项目编码	项目名称	项目特征描述	计量单位	工程量	综合单价	合价
1	010902001001	屋面卷材防水	4mm 厚 APP 改性沥青防水卷材	m^2	71.95		
2	010902003001	屋面刚性层	40mm 厚细石混凝土		63.11		
3	011001001001	保温隔热屋面	40mm 厚防火岩棉板 轻质混凝土找坡,最薄处 50mm 厚		63.11		
4	011101006001	屋面找平层	20mm 厚 1∶3 水泥砂浆找平		63.11		

【实例 2】 外墙外保温的分部分项工程量清单编制实例

某房屋建筑示意图如图 10-3 所示,内、外墙厚均为 240mm,采用加气混凝土砌块砌筑,轴线与墙中心线重合,其门窗规格,M-1:1200mm×2400mm;M-2:900mm×2400mm;C-1:2100mm×1800mm;C-2:1200mm×1800mm。该工程外墙保温做法:基层表面清理;刷界面砂浆5mm;刷 30mm 厚胶粉聚苯颗粒;门窗边做保温,宽度为 120mm。

根据以上背景资料及《建设工程工程量清单计价规范》(GB 50500—2013)、《房屋建筑与装饰工程工程量计算规范》(GB 50854—

10.4 【实例2】外墙外保温的分部分项工程量清单编制

2013），试编制该工程外墙外保温的分部分项工程量清单。

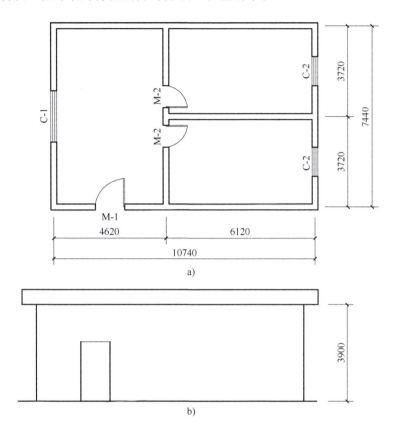

图 10-3 某房屋建筑示意图
a）平面图 b）立面图

【分析与解答】

外墙墙面保温工程量按设计图示尺寸以面积计算，扣除门窗洞口所占面积；门窗洞口侧壁需做保温时，并入保温墙体工程量内。

清单编制在表 10-7 已有正确列项的情况下，根据工程背景正确描述其项目特征。分部分项工程清单与计价见表 10-8。

表 10-7 清单工程量计算表（某房屋外墙外保温工程）

序号	项目编码	项目名称	计算式	计量单位	工程量合计
1	011001003001	保温墙面	1）墙面工程量： $S_1 = [(10.74+0.24)+(7.44+0.24)] \text{m} \times 2 \times 3.90\text{m} - (1.2 \times 2.4 + 2.1 \times 1.8 + 1.2 \times 1.8 \times 2)\text{m}^2 = 134.57\text{m}^2$ 2）门窗侧边工程量： $S_2 = [(2.1+1.8) \times 2 + (1.2+1.8) \times 4 + (2.4 \times 2 + 1.2)] \text{m} \times 0.12\text{m} = 3.10\text{m}^2$	m^2	137.67

153

表 10-8　分部分项工程清单与计价表（某房屋外墙外保温工程）

序号	项目编码	项目名称	项目特征描述	计量单位	工程量	综合单价	合价
1	011001003001	保温墙面	1. 保温隔热部位：外墙外表面 2. 保温隔热方式：外保温 3. 保温隔热材料品种、厚度：30mm 厚胶粉聚苯颗粒 4. 基层材料：5mm 厚界面砂浆	m^2	137.67		

【学习评价】

序号	评价内容	评价标准	评价结果			
			优秀	良好	合格	不合格
1	清单列项	能正确列出项目名称				
2	清单工程量计算	能正确计算屋面保温隔热、墙面保温隔热等工程的工程量				
3	分部分项工程项目清单	能根据工程背景准确描述项目特征				
		能准确编制工程量清单				
4		能否进行下一步学习		□能	□否	

任务 11

编制楼地面装饰工程量清单

【任务背景】

　　建筑装饰工程是完善建筑使用功能，提高和美化环境质量的一种建筑修饰。建筑装饰工程通常包括楼地面装饰、墙柱面装饰、天棚装饰等多个分项工程。其中楼地面是建筑物底层地面和楼层地面的总称，一般由基层、垫层和面层三部分组成。按工程做法或面层材料不同，楼地面可分为整体面层、块材面层、木地板面层、地毯面层、特殊材料面层等。整体面层则主要是指水泥砂浆面层、混凝土面层、现浇水磨石面层等；块材面层则主要是指陶瓷锦砖、地砖、花岗石、人工合成石等铺设的地面。本任务主要介绍楼地面装饰工程量清单的编制。

 【任务目标】

1. 能正确描述整体面层、块料面层的工程量计算规则。
2. 能正确描述木地板面层工程量计算规则。
3. 能正确描述不同材料踢脚线的工程量计算规则。
4. 培养学生实事求是、客观公正、严谨细致、精益求精的职业态度。

 【任务实施】

1. 分析学习难点
1）掌握楼地面工程项目特征的描述。
2）理解整体面层与块料面层清单工程量计算规则的异同。

2. 条件需求与准备
1）《房屋建筑与装饰工程工程量计算规范》（GB 50854—2013）。
2）工程项目的建筑施工图。
3）其他相关的规范图集。

3. 操作时间安排
共计 4 课时，其中任务实操 2 课时，理论学习 2 课时。

4. 任务实操训练
　　某单身公寓楼标准间平面尺寸如图 11-1 所示，墙体厚度均为 200mm，门洞宽度：进户门、卧室门为 900mm，卫生间门为 700mm。

　　客厅地面做法：20mm 厚 1∶3 水泥砂浆找平，8mm 厚 1∶1 水泥砂浆粘贴大理石面层，贴好后酸洗打蜡（门洞处贴中国黑大理石）。

　　卧室地面做法：断面为 60mm×70mm 木龙骨地楞，楞木间距及横撑的规格、间距同计价定额，木龙骨与现浇楼板用 M8×80 膨胀螺栓固定，螺栓设计用量为 30 套，不设木垫块，免刨免漆实木地板面层，高 100mm 的成品木踢脚线。

　　卫生间地面做法：采用水泥砂浆贴 250mm×250mm 防滑地砖。

　　根据以上背景资料，编制楼地面工程的工程量清单。

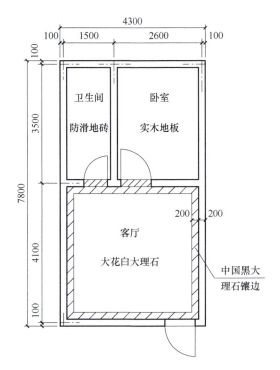

图 11-1 某单身公寓楼标准间平面图

(1) 分析与解题过程

1) 计算楼面水泥砂浆贴大花白大理石清单工程量。

2) 计算楼面水泥砂浆贴中国黑大理石清单工程量。

3) 计算卧室铺实木地板清单工程量。

4) 计算成品木踢脚线清单工程量。

5) 计算卫生间贴防滑地砖清单工程量。

(2) 编制分部分项工程项目清单 填写清单工程量计算表（表 11-1），根据工程背景准确描述其项目特征，依据《房屋建筑与装饰工程工程量计算规范》(GB 50854—2013) 填写分部分项工程清单与计价表（表 11-2）。

表 11-1 清单工程量计算表

序号	项目编码	项目名称	计算式	计量单位	工程量合计
1					
2					
3					
4					
5					

表 11-2 分部分项工程清单与计价表

序号	项目编码	项目名称	项目特征描述	工程量	综合单价	合价
1						
2						
3						
4						
5						
6						

【知识链接】

11.1 整体面层及找平层

1. 清单项目设置

整体面层及找平层工程量清单项目设置、项目特征描述的内容、计量单位、工程量计算规则应按表 11-3 的规定执行。

表 11-3　整体面层及找平层（编码：011101）

项目编码	项目名称	项目特征描述	计量单位	工程量计算规则	工作内容
011101001	水泥砂浆楼地面	1. 找平层厚度、砂浆配合比 2. 素水泥浆数遍 3. 面层厚度、砂浆配合比 4. 面层做法要求	m²	按设计图示尺寸以面积计算。扣除凸出地面构筑物、设备基础、室内管道、地沟等所占面积，不扣除间壁墙及≤0.3m²柱、垛、附墙烟囱及孔洞所占面积。门洞、空圈、暖气包槽、壁龛的开口部分不增加面积	1. 基层清理 2. 抹找平层 3. 抹面层 4. 材料运输
011101002	现浇水磨石楼地面	1. 找平层厚度、砂浆配合比 2. 面层厚度、水泥石子浆配合比 3. 嵌条材料种类、规格 4. 石子种类、规格、颜色 5. 颜料种类、颜色 6. 图案要求 7. 磨光、酸洗、打蜡要求			1. 基层清理 2. 抹找平层 3. 面层铺设 4. 嵌缝条安装 5. 磨光、酸洗打蜡 6. 材料运输
011101003	细石混凝土楼地面	1. 找平层厚度、砂浆配合比 2. 面层厚度、混凝土强度等级			1. 基层清理 2. 抹找平层 3. 面层铺设 4. 材料运输
011101004	菱苦土楼地面	1. 找平层厚度、砂浆配合比 2. 面层厚度 3. 打蜡要求			1. 基层清理 2. 抹找平层 3. 面层铺设 4. 打蜡 5. 材料运输
011101005	自流平楼地面	1. 找平层砂浆配合比、厚度 2. 界面剂材料种类 3. 中层漆材料种类、厚度 4. 面漆材料种类、厚度 5. 面层材料种类			1. 基层处理 2. 抹找平层 3. 涂界面剂 4. 涂刷中层漆 5. 打磨、吸尘 6. 涂自流平面漆（浆） 7. 拌和自流平浆料 8. 铺面层
011101006	平面砂浆找平层	找平层厚度、砂浆配合比		按设计图示尺寸以面积计算	1. 基层清理 2. 抹找平层 3. 材料运输

2. 清单规则解读

1）水泥砂浆面层处理是拉毛还是提浆压光应在面层做法要求中描述。

2）平面砂浆找平层只适用于仅做找平层的平面抹灰。

3）间壁墙指墙厚≤120mm 的墙。

11.2 块料面层

1. 清单项目设置

块料面层工程量清单项目设置、项目特征描述的内容、计量单位及工程量计算规则应按表 11-4 的规定执行。

表 11-4　块料面层（编码：011102）

项目编码	项目名称	项目特征描述	计量单位	工程量计算规则	工作内容
011102001	石材楼地面	1. 找平层厚度、砂浆配合比 2. 结合层厚度、砂浆配合比 3. 面层材料品种、规格、颜色 4. 嵌缝材料种类 5. 防护层材料种类 6. 酸洗、打蜡要求	m²	按设计图示尺寸以面积计算。门洞、空圈、暖气包槽、壁龛的开口部分并入相应的工程量内	1. 基层清理 2. 抹找平层 3. 面层铺设、磨边 4. 嵌缝 5. 刷防护材料 6. 酸洗、打蜡 7. 材料运输
011102002	碎石材楼地面				
011102003	块料楼地面	1. 找平层厚度、砂浆配合比 2. 结合层厚度、砂浆配合比 3. 面层材料品种、规格、颜色 4. 嵌缝材料种类 5. 防护层材料种类 6. 酸洗、打蜡要求			

2. 清单规则解读

1）在描述碎石材项目的面层材料特征时可不用描述规格、颜色。

2）石材、块料与粘结材料的结合面刷防渗材料的种类在防护层材料种类中描述。

3）表 11-4 工作内容中的磨边指施工现场磨边，后面章节工作内容中涉及的磨边含义同此条。

11.3 其他材料面层

其他材料面层工程量清单项目设置、项目特征描述的内容、计量单位及工程量计算规则应按表 11-5 的规定执行。

表 11-5 其他材料面层（编码：011104）

项目编码	项目名称	项目特征描述	计量单位	工程量计算规则	工作内容
011104001	地毯楼地面	1. 面层材料品种、规格、颜色 2. 防护材料种类 3. 粘结材料种类 4. 压线条种类	m²	按设计图示尺寸以面积计算。门洞、空圈、暖气包槽、壁龛的开口部分并入相应的工程量内	1. 基层清理 2. 铺贴面层 3. 刷防护材料 4. 装钉压条 5. 材料运输
011104002	竹、木（复合）地板	1. 龙骨材料种类、规格、铺设间距 2. 基层材料种类、规格 3. 面层材料品种、规格、颜色 4. 防护材料种类			1. 基层清理 2. 龙骨铺设 3. 基层铺设 4. 面层铺贴 5. 刷防护材料 6. 材料运输
011104003	金属复合地板				
011104004	防静电活动地板	1. 支架高度、材料种类 2. 面层材料品种、规格、颜色 3. 防护材料种类			1. 基层清理 2. 固定支架安装 3. 活动面层安装 4. 刷防护材料 5. 材料运输

11.4 踢脚线

1. 清单项目设置

踢脚线工程量清单项目设置、项目特征描述的内容、计量单位及工程量计算规则应按表 11-6 的执行。

表 11-6 踢脚线（编码：011105）

项目编码	项目名称	项目特征描述	计量单位	工程量计算规则	工作内容
011105001	水泥砂浆踢脚线	1. 踢脚线高度 2. 底层厚度、砂浆配合比 3. 面层厚度、砂浆配合比	1. m² 2. m	1. 以平方米计量，按设计图示长度乘以高度以面积计算 2. 以米计量，按延长米计算	1. 基层清理 2. 底层和面层抹灰 3. 材料运输
011105002	石材踢脚线	1. 踢脚线高度 2. 粘贴层厚度、材料种类 3. 面层材料品种、规格、颜色 4. 防护材料种类			1. 基层清理 2. 底层抹灰 3. 面层铺贴、磨边 4. 擦缝 5. 磨光、酸洗、打蜡 6. 刷防护材料 7. 材料运输
011105003	块料踢脚线				

（续）

项目编码	项目名称	项目特征描述	计量单位	工程量计算规则	工作内容
011105004	塑料板踢脚线	1. 踢脚线高度 2. 粘结层厚度、材料种类 3. 面层材料种类、规格、颜色	1. m² 2. m	1. 以平方米计量,按设计图示长度乘以高度以面积计算 2. 以米计量,按延长米计算	1. 基层清理 2. 基层铺贴 3. 面层铺贴 4. 材料运输
011105005	木质踢脚线	1. 踢脚线高度 2. 基层材料种类、规格 3. 面层材料品种、规格、颜色			
011105006	金属踢脚线				
011105007	防静电踢脚线				

2. 清单规则解读

1）石材、块料与粘结材料的结合面刷防渗材料的种类在防护材料种类中描述。

2）踢脚线是指室内房间四周靠近楼地面处设置的装饰构造。踢脚线可以更好地使墙体和地面之间结合，减少墙体变形，避免外力碰撞造成墙面破坏，减少地面清洁对墙面造成的污染。

11.5 楼梯面层

1. 清单项目设置

楼梯面层工程量清单项目设置、项目特征描述的内容、计量单位及工程量计算规则应按表11-7 的规定执行。

表 11-7　楼梯面层（编码：011106）

项目编码	项目名称	项目特征描述	计量单位	工程量计算规则	工作内容
011106001	石材楼梯面层	1. 找平层厚度、砂浆配合比 2. 粘结层厚度、材料种类 3. 面层材料品种、规格、颜色 4. 防滑条材料种类、规格 5. 勾缝材料种类 6. 防护材料种类 7. 酸洗、打蜡要求	m²	按设计图示尺寸以楼梯（包括踏步、休息平台及≤500mm 的楼梯井）水平投影面积计算。楼梯与楼地面相连时，算至梯口梁内侧边沿；无梯口梁者，算至最上一层踏步边沿加 300mm	1. 基层清理 2. 抹找平层 3. 面层铺贴、磨边 4. 贴嵌防滑条 5. 勾缝 6. 刷防护材料 7. 酸洗、打蜡 8. 材料运输
011106002	块料楼梯面层				
011106003	拼碎块料面层				

(续)

项目编码	项目名称	项目特征描述	计量单位	工程量计算规则	工作内容
011106004	水泥砂浆楼梯面层	1. 找平层厚度、砂浆配合比 2. 面层厚度、砂浆配合比 3. 防滑条材料种类、规格	m²	按设计图示尺寸以楼梯（包括踏步、休息平台及≤500mm的楼梯井）水平投影面积计算。楼梯与楼地面相连时，算至梯口梁内侧边沿；无梯口梁者，算至最上一层踏步边沿加300mm	1. 基层清理 2. 抹找平层 3. 抹面层 4. 抹防滑条 5. 材料运输
011106005	现浇水磨石楼梯面层	1. 找平层厚度、砂浆配合比 2. 面层厚度、水泥石子浆配合比 3. 防滑条材料种类、规格 4. 石子种类、规格、颜色 5. 颜料种类、颜色 6. 磨光、酸洗、打蜡要求			1. 基层清理 2. 抹找平层 3. 抹面层 4. 贴嵌防滑条 5. 磨光、酸洗、打蜡 6. 材料运输

2. 清单规则解读

1）楼梯面层工程量按规定范围的水平投影面积计算。

2）楼梯面层的项目特征描述应包括防滑条的做法。

11.6 台阶装饰

1. 清单项目设置

台阶装饰工程量清单项目设置、项目特征描述的内容、计量单位及工程量计算规则应按表 11-8 的规定执行。

表 11-8 台阶装饰（编码：011107）

项目编码	项目名称	项目特征描述	计量单位	工程量计算规则	工作内容
011107001	石材台阶面	1. 找平层厚度、砂浆配合比 2. 粘结层材料种类 3. 面层材料品种、规格、颜色 4. 勾缝材料种类 5. 防滑条材料种类、规格 6. 防护材料种类	m²	按设计图示尺寸以台阶（包括最上层踏步边沿加300mm）水平投影面积计算	1. 基层清理 2. 抹找平层 3. 面层铺贴 4. 贴嵌防滑条 5. 勾缝 6. 刷防护材料 7. 材料运输
011107002	块料台阶面				
011107003	拼碎块料台阶面				

(续)

项目编码	项目名称	项目特征描述	计量单位	工程量计算规则	工作内容
011107004	水泥砂浆台阶面	1. 找平层厚度、砂浆配合比 2. 面层厚度、砂浆配合比 3. 防滑条材料种类	m²	按设计图示尺寸以台阶（包括最上层踏步边沿加300mm）水平投影面积计算	1. 基层清理 2. 抹找平层 3. 抹面层 4. 抹防滑条 5. 材料运输
011107005	现浇水磨石台阶面	1. 找平层厚度、砂浆配合比 2. 面层厚度、水泥石子浆配合比 3. 防滑条材料种类、规格 4. 石子种类、规格、颜色 5. 颜料种类、颜色 6. 磨光、酸洗、打蜡要求			1. 基层清理 2. 抹找平层 3. 抹面层 4. 贴嵌防滑条 5. 打磨、酸洗、打蜡 6. 材料运输
011107006	剁假石台阶面	1. 找平层厚度、砂浆配合比 2. 面层厚度、砂浆配合比 3. 剁假石要求			1. 基层清理 2. 抹找平层 3. 抹面层 4. 剁假石 5. 材料运输

2. 清单规则解读

1）在描述碎石材项目的面层材料特征时可不用描述规格、颜色。

2）石材、块料与粘结材料的结合面刷防渗材料的种类在防护材料种类中描述。

11.7 零星装饰项目

1. 清单项目设置

零星装饰项目工程量清单项目设置、项目特征描述的内容、计量单位及工程量计算规则应按表11-9的规定执行。

2. 清单规则解读

1）楼梯、台阶牵边和侧面镶贴块料面层，不大于0.5m²的少量分散的楼地面镶贴块料面层，应按表11-9执行。

2）石材、块料与粘结材料的结合面刷防渗材料的种类在防护材料种类中描述。

表 11-9 零星装饰项目（编码：011108）

项目编码	项目名称	项目特征描述	计量单位	工程量计算规则	工作内容
011108001	石材零星项目	1. 工程部位 2. 找平层厚度、砂浆配合比 3. 贴结合层厚度、材料种类 4. 面层材料品种、规格、颜色 5. 勾缝材料种类 6. 防护材料种类 7. 酸洗、打蜡要求	m²	按设计图示尺寸以面积计算	1. 基层清理 2. 抹找平层 3. 面层铺贴、磨边 4. 勾缝 5. 刷防护材料 6. 酸洗、打蜡 7. 材料运输
011108002	拼碎石材零星项目				
011108003	块料零星项目				
011108004	水泥砂浆零星项目	1. 工程部位 2. 找平层厚度、砂浆配合比 3. 面层厚度、砂浆厚度			1. 基层清理 2. 抹找平层 3. 抹面层 4. 材料运输

11.8 典型实例

【实例 1】 室内地面大理石贴面、踢脚线的工程量清单编制实例

某建筑平面图如图 11-2 所示，门窗尺寸见表 11-10。墙厚（垛宽）240mm，室内铺设 500mm×500mm 中国红大理石，厚度 10mm，5mm 厚 1:1 水泥细砂浆结合层，20mm 厚 1:3 水泥砂浆找平层。踢脚线高度为 150mm。

11.8 【实例 1】室内地面大理石贴面、踢脚线的工程量清单编制

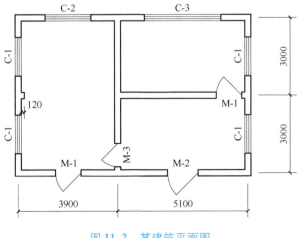

图 11-2 某建筑平面图

表 11-10　门窗尺寸

类型	规格（宽×高）	类型	规格（宽×高）
M-1	1000mm×2000mm	C-1	1500mm×1500mm
M-2	1200mm×2000mm	C-2	1800mm×1500mm
M-3	900mm×2400mm	C-3	3000mm×1500mm

根据以上背景资料及《建设工程工程量清单计价规范》（GB 50500—2013）、《房屋建筑与装饰工程工程量计算规范》（GB 50854—2013），试编制该工程大理石地面、踢脚线的分部分项工程量清单。

【分析与解答】

（1）计算清单工程量

1）大理石地面工程量。根据计算规则，石材楼地面的工程量按设计图示尺寸以面积计算。门洞等的开口部分并入相应的工程量内。简言之，块料面层的工程量按实铺面积计算。

2）大理石踢脚线工程量。根据计算规则，以 m 为单位计算时，按延长米计算，扣除门洞、空圈部分的相关尺寸，室内门侧壁的踢脚线工程量并入计算。

（2）编制分部分项工程项目清单　清单编制在表 11-11 已有正确列项的情况下，需按规范的相关规定，根据工程背景正确描述其项目特征。分部分项工程清单与计价见表 11-12。

表 11-11　清单工程量计算表（某建筑大理石地面、踢脚线工程）

序号	项目编码	项目名称	计算式	计量单位	工程量合计
1	011102001001	石材楼地面	$(3.9-0.24)\text{m} \times (3+3-0.24)\text{m} + (5.1-0.24)\text{m} \times (3-0.24)\text{m} \times 2 + (2 \times 1.0 + 1.2 + 0.9)\text{m} \times 0.24\text{m} - 0.12\text{m} \times 0.24\text{m} = 47.91\text{m}^2 + 0.98\text{m}^2 - 0.03\text{m}^2 = 48.86\text{m}^2$	m²	48.86
2	011105002001	石材踢脚线	$(3.9-0.24+3\times2-0.24)\text{m} \times 2 + (5.1-0.24+3-0.24)\text{m} \times 2 \times 2 - (0.9+1)\text{m} \times 2 - (1.2+1)\text{m} + 0.24\text{m} \times 8 + 0.12\text{m} \times 2 = 45.48\text{m}$	m	45.48

表 11-12　分部分项工程清单与计价表（某建筑大理石地面、踢脚线工程）

序号	项目编码	项目名称	项目特征描述	计量单位	工程量	综合单价	合价
1	011102001001	石材楼地面	1. 找平层厚度、砂浆配合比：20mm厚1:3水泥砂浆找平层 2. 结合层厚度、砂浆配合比：5mm厚1:1水泥细砂浆结合层 3. 面层材料品种、规格、颜色：500mm×500mm 中国红大理石，厚度10mm	m²	48.86		
2	011105002001	石材踢脚线	1. 踢脚线高度：150mm 2. 面层材料品种：中国红大理石	m	45.48		

【实例 2】石材台阶面工程量清单编制实例

某办公楼入口台阶如图 11-3 所示,12mm 厚黑色花岗石贴面干水泥擦缝,5mm 厚 1:1 水泥细砂浆结合层,20mm 厚 1:3 水泥砂浆找平层。

根据以上背景资料及《建设工程工程量清单计价规范》(GB 50500—2013)、《房屋建筑与装饰工程工程量计算规范》(GB 50854—2013),试编制石材台阶面的分部分项工程量清单。

11.8 【实例2】石材台阶面工程量清单编制

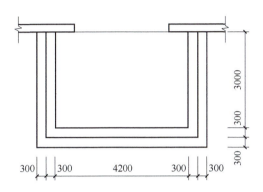
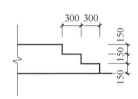

图 11-3 某办公楼入口台阶大样图

【分析与解答】

石材台阶面按设计图示尺寸以台阶(包括最上层踏步边沿加 300mm)水平投影面积计算。

清单编制在表 11-13 已有正确列项的情况下,需按规范的相关规定,根据工程背景正确描述其项目特征。分部分项工程清单与计价见表 11-14。

表 11-13 清单工程量计算表(某石材台阶面工程)

序号	项目编码	项目名称	计算式	计量单位	工程量合计
1	011107001001	石材台阶面	$(4.2+0.3\times4)m\times(3+0.3\times2)m-(4.2-0.3\times2)m\times(3-0.3)m=9.72m^2$	m^2	9.72

表 11-14 分部分项工程清单与计价表(某石材台阶面工程)

序号	项目编码	项目名称	项目特征描述	计量单位	工程量	综合单价	合价
1	011107001001	石材台阶面	1. 找平层厚度、砂浆配合比:20mm 厚 1:3 水泥砂浆找平层 2. 结合层厚度、砂浆配合比:5mm 厚 1:1 水泥细砂浆结合层 3. 面层材料品种、规格、颜色:黑色花岗石,厚度 12mm	m^2	9.72		

【学习评价】

序号	评价内容	评价标准	评价结果			
			优秀	良好	合格	不合格
1	清单列项	能正确列出项目名称				
2	清单工程量计算	能正确计算楼地面装饰工程量				
3	分部分项工程项目清单	能根据工程背景准确描述项目特征				
		能编制分部分项工程量清单				
4		能否进行下一步学习	□能		□否	

任务 12

编制墙、柱面装饰工程及隔断工程量清单

【任务背景】

墙、柱面装饰的主要目的是保护墙体与柱，让被装饰墙柱清新环保，美化建筑环境。从构造上分，墙、柱面装饰分为抹灰类、贴面类和镶贴类等多种做法。

隔断是指专门分隔室内空间的不到顶的半截立面，有固定式隔断和移动式隔断等形式，主要适用于办公楼、写字楼、机场、院校、银行、会展中心、酒店、商场、多功能厅、宴会厅、会议室、培训室等场所。

本任务主要介绍墙、柱面装饰工程量清单与隔断工程量清单的编制。

【任务目标】

1. 能描述墙面一般抹灰、块料墙面等清单项目的工程量计算规则。
2. 能描述墙面一般抹灰、块料墙面等清单项目的项目特征。
3. 培养学生的审美观、细致严谨的责任感和专注品质的工匠精神。

【任务实施】

1. 分析学习难点

1）墙、柱面装饰工程清单项目的列项及清单项目特征描述。
2）墙、柱面装饰工程清单工程量计算规则。

2. 条件需求与准备

1)《房屋建筑与装饰工程工程量计算规范》(GB 50854—2013)。
2) 工程项目的建筑施工图。
3) 其他相关的规范图集。

3. 操作时间安排

共计4课时，其中任务实操2课时，理论学习2课时。

4. 任务实操训练

【任务一】

（1）背景资料　某建筑平面图如图12-1所示，门窗尺寸见表12-1。墙厚（垛宽）240mm，轴线居于墙中心。一层房间净高3.3m。内墙面做法为：基层墙体→刷素水泥浆一道，内掺10%的801胶水→12mm厚1∶1∶6水泥石灰膏砂浆打底→8mm厚1∶1∶4水泥石灰砂浆粉面→面层刷白色内墙涂料两遍。

表12-1　门窗表1

类型	规格（宽×高）	类型	规格（宽×高）
M-1	1000mm×2000mm	C-1	1500mm×1500mm
M-2	1200mm×2000mm	C-2	1800mm×1500mm
M-3	900mm×2400mm	C-3	3000mm×1500mm

任务 12　编制墙、柱面装饰工程及隔断工程量清单

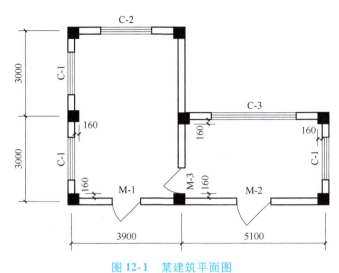

图 12-1　某建筑平面图

（2）问题　根据以上背景资料及《建设工程工程量清单计价规范》（GB 50500—2013）、《房屋建筑与装饰工程工程量计算规范》（GB 50854—2013），试编制内墙面一般抹灰的分部分项工程量清单。

（3）分析与解答

1）在图 12-1 上给出内墙面抹灰的具体位置，分析内墙面一般抹灰工程量计算涉及的扣减因素。

2）计算内墙面一般抹灰的清单工程量。

3）编制分部分项工程项目清单。填写清单工程量计算表（表 12-2），根据工程背景准确描述其项目特征，依据《房屋建筑与装饰工程工程量计算规范》填写分部分项工程清单与计价表（表 12-3）。

表 12-2　清单工程量计算表 1

序号	项目编码	项目名称	计算式	计量单位	工程量合计
1					

表 12-3　分部分项工程清单与计价表 1

序号	项目编码	项目名称	项目特征描述	工程量	综合单价	合价
1						

【任务二】

（1）背景资料　某建筑平面图如图 12-1 所示，门窗尺寸见表 12-1。墙厚 240mm，轴线

171

居于墙中心。外墙面保温从室外地坪-0.300m标高做至女儿墙墙顶标高3.900m，做法为砌体墙表面做外保温（浆料），外墙面胶粉聚苯颗粒30mm厚；外墙面贴块料从室外地坪-0.300m标高做至女儿墙墙顶标高3.900m，做法为8mm厚1∶2水泥砂浆粘贴100mm×100mm×5mm的白色外墙砖，灰缝宽度为5mm，用白水泥勾缝，无酸洗、打蜡要求。门窗洞口侧壁面砖铺贴宽度均按100mm考虑。

（2）问题　根据以上背景资料及《建设工程工程量清单计价规范》（GB 50500—2013）、《房屋建筑与装饰工程工程量计算规范》（GB 50854—2013），试编制外墙面块料铺贴、块料零星项目的分部分项工程量清单。

（3）分析与解答

1）计算外墙面块料铺贴清单工程量。

2）计算块料零星项目清单工程量。

3）编制分部分项工程项目清单。填写清单工作量计算表（表12-4），根据工程背景准确描述其项目特征，依据《房屋建筑与装饰工程工程量计算规范》填写分部分项工程清单与计价表（表12-5）。

表12-4　清单工程量计算表2

序号	项目编码	项目名称	计算式	计量单位	工程量合计
1					
2					

表12-5　分部分项工程清单与计价表2

序号	项目编码	项目名称	项目特征描述	工程量	综合单价	合价
1						
2						

【知识链接】

12.1　墙面抹灰

1. 清单项目设置

墙面抹灰工程量清单项目设置、项目特征描述的内容、计量单位及工程量计算规则应按

表 12-6 的规定执行。

表 12-6 墙面抹灰（编码：011201）

项目编码	项目名称	项目特征描述	计量单位	工程量计算规则	工作内容
011201001	墙面一般抹灰	1. 墙体类型 2. 底层厚度、砂浆配合比 3. 面层厚度、砂浆配合比 4. 装饰面材料种类 5. 分格缝宽度、材料种类	m²	按设计图示尺寸以面积计算。扣除墙裙、门窗洞口及单个 > 0.3m² 的孔洞面积，不扣除踢脚线、挂镜线和墙与构件交接处的面积，门窗洞口和孔洞的侧壁及顶面不增加面积。附墙柱、梁、垛、烟囱侧壁并入相应的墙面面积内 1. 外墙抹灰面积按外墙垂直投影面积计算 2. 外墙裙抹灰面积按其长度乘以高度计算 3. 内墙抹灰面积按主墙间的净长乘以高度计算 （1）无墙裙的，高度按室内楼地面至天棚底面计算 （2）有墙裙的，高度按墙裙顶至天棚底面计算 （3）有吊顶天棚抹灰，高度算至天棚底 4. 内墙裙抹灰面按内墙净长乘以高度计算	1. 基层清理 2. 砂浆制作、运输 3. 底层抹灰 4. 抹面层 5. 抹装饰面 6. 勾分格缝
011201002	墙面装饰抹灰				
011201003	墙面勾缝	1. 勾缝类型 2. 勾缝材料种类			1. 基层清理 2. 砂浆制作、运输 3. 勾缝
011201004	立面砂浆找平层	1. 基层类型 2. 找平层砂浆厚度、配合比			1. 基层清理 2. 砂浆制作、运输 3. 抹灰找平

2. 清单规则解读

1）立面砂浆找平项目适用于仅做找平层的立面抹灰。

2）墙面抹石灰砂浆、水泥砂浆、混合砂浆、聚合物水泥砂浆、麻刀石灰浆、石膏灰浆等按表 12-6 中墙面一般抹灰列项，墙面水刷石、斩假石、干粘石、假面砖等按表 12-6 中墙面装饰抹灰列项。

3）飘窗凸出外墙面增加的抹灰并入外墙工程量内。

4）有吊顶天棚的内墙面抹灰，抹至吊顶以上部分在综合单价中考虑。

12.2 柱（梁）面抹灰

1. 清单项目设置

柱（梁）面抹灰工程量清单项目设置、项目特征描述的内容、计量单位及工程量计算规则应按表 12-7 的规定执行。

表 12-7　柱（梁）面抹灰（编码：011202）

项目编码	项目名称	项目特征描述	计量单位	工程量计算规则	工作内容
011202001	柱、梁面一般抹灰	1. 柱（梁）体类型 2. 底层厚度、砂浆配合比 3. 面层厚度、砂浆配合比 4. 装饰面材料种类 5. 分格缝宽度、材料种类	m^2	1. 柱面抹灰：按设计图示柱断面周长乘以高度以面积计算 2. 梁面抹灰：按设计图示梁断面周长乘以长度以面积计算	1. 基层清理 2. 砂浆制作、运输 3. 底层抹灰 4. 抹面层 5. 勾分格缝
011202002	柱、梁面装饰抹灰				
011202003	柱、梁面砂浆找平	1. 柱（梁）体类型 2. 找平的砂浆厚度、配合比			1. 基层清理 2. 砂浆制作、运输 3. 抹灰找平
011202004	柱面勾缝	1. 勾缝类型 2. 勾缝材料种类		按设计图示柱断面周长乘高度以面积计算	1. 基层清理 2. 砂浆制作、运输 3. 勾缝

2. 清单规则解读

1）砂浆找平项目适用于仅做找平层的柱（梁）面抹灰。

2）柱（梁）面抹石灰砂浆、水泥砂浆、混合砂浆、聚合物水泥砂浆、麻刀石灰浆、石膏灰浆等按表12-7中柱（梁）面一般抹灰编码列项；柱（梁）面水刷石、斩假石、干粘石、假面砖等按表12-7中柱（梁）面装饰抹灰编码列项。

12.3　零星抹灰

1. 清单项目设置

零星抹灰工程量清单项目设置、项目特征描述的内容、计量单位及工程量计算规则应按表12-8的规定执行。

表 12-8　零星抹灰（编码：011203）

项目编码	项目名称	项目特征描述	计量单位	工程量计算规则	工作内容
011203001	零星项目一般抹灰	1. 基层类型、部位 2. 底层厚度、砂浆配合比 3. 面层厚度、砂浆配合比 4. 装饰面材料种类 5. 分格缝宽度、材料种类	m^2	按设计图示尺寸以面积计算	1. 基层清理 2. 砂浆制作、运输 3. 底层抹灰 4. 抹面层 5. 抹装饰面 6. 勾分格缝
011203002	零星项目装饰抹灰				
011203003	零星项目砂浆找平	1. 基层类型、部位 2. 找平的砂浆厚度、配合比			1. 基层清理 2. 砂浆制作、运输 3. 抹灰找平

2. 清单规则解读

1）零星项目中抹石灰砂浆、水泥砂浆、混合砂浆、聚合物水泥砂浆、麻刀石灰浆、石膏灰浆等按表12-8中零星项目一般抹灰编码列项；水刷石、斩假石、干粘石、假面砖等按表12-8中零星项目装饰抹灰编码列项。

2）墙、柱（梁）面≤0.5m² 的少量分散的抹灰按表12-8中零星抹灰项目编码列项。

12.4 墙面块料面层

1. 清单项目设置

墙面块料面层工程量清单项目设置、项目特征描述的内容、计量单位及工程量计算规则应按表12-9的规定执行。

表12-9 墙面块料面层（编码：011204）

项目编码	项目名称	项目特征描述	计量单位	工程量计算规则	工 作 内 容
011204001	石材墙面	1. 墙体类型 2. 安装方式 3. 面层材料品种、规格、颜色 4. 缝宽、嵌缝材料种类 5. 防护材料种类 6. 磨光、酸洗、打蜡要求	m²	按镶贴表面积计算	1. 基层清理 2. 砂浆制作、运输 3. 粘结层铺贴 4. 面层安装 5. 嵌缝 6. 刷防护材料 7. 磨光、酸洗、打蜡
011204002	拼碎石材墙面				
011204003	块料墙面				
011204004	干挂石材钢骨架	1. 骨架种类、规格 2. 防锈漆品种遍数	t	按设计图示以质量计算	1. 骨架制作、运输、安装 2. 刷漆

2. 清单规则解读

1）在描述碎块项目的面层材料特征时可不用描述规格、颜色。

2）石材、块料与粘结材料的结合面刷防渗材料的种类在防护材料种类中描述。

3）安装方式可描述为砂浆或粘结剂粘贴、挂贴、干挂等，不论哪种安装方式，都要详细描述与组价相关的内容。

4）按镶贴表面积计算工程量时，应包括块料及粘结层的厚度。

12.5 柱（梁）面镶贴材料

1. 清单项目设置

柱（梁）面镶贴块料工程量清单项目设置、项目特征描述的内容、计量单位及工程量计算规则应按表12-10的规定执行。

表 12-10 柱（梁）面镶贴块料（编码：011205）

项目编码	项目名称	项目特征描述	计量单位	工程量计算规则	工作内容
011205001	石材柱面	1. 柱截面类型、尺寸 2. 安装方式 3. 面层材料品种、规格、颜色 4. 缝宽、嵌缝材料种类 5. 防护材料种类 6. 磨光、酸洗、打蜡要求	m²	按镶贴表面积计算	1. 基层清理 2. 砂浆制作、运输 3. 粘结层铺贴 4. 面层安装 5. 嵌缝 6. 刷防护材料 7. 磨光、酸洗、打蜡
011205002	块料柱面	^	^	^	^
011205003	拼碎块柱面	^	^	^	^
011205004	石材梁面	^	^	^	^
011205005	块料梁面	1. 安装方式 2. 面层材料品种、规格、颜色 3. 缝宽、嵌缝材料种类 4. 防护材料种类 5. 磨光、酸洗、打蜡要求	^	^	^

2. 清单规则解读

1）在描述碎块项目的面层材料特征时可不用描述规格、颜色。

2）石材、块料与粘结材料的结合面刷防渗材料的种类在防护材料种类中描述。

3）柱梁面干挂石材的钢骨架按表 12-9 的相应项目编码列项。

12.6 镶贴零星块料

1. 清单项目设置

镶贴零星块料工程量清单项目设置、项目特征描述的内容、计量单位及工程量计算规则应按表 12-11 的规定执行。

表 12-11 镶贴零星块料（编码：011206）

项目编码	项目名称	项目特征描述	计量单位	工程量计算规则	工作内容
011206001	石材零星项目	1. 基层类型、部位 2. 安装方式 3. 面层材料品种、规格、颜色 4. 缝宽、嵌缝材料种类 5. 防护材料种类 6. 磨光、酸洗、打蜡要求	m²	按镶贴表面积计算	1. 基层清理 2. 砂浆制作、运输 3. 面层安装 4. 嵌缝 5. 刷防护材料 6. 磨光、酸洗、打蜡
011206002	块料零星项目	^	^	^	^
011206003	拼碎块零星项目	^	^	^	^

2. 清单规则解读

1）在描述碎块项目的面层材料特征时可不用描述规格、颜色。

2）石材、块料与粘结材料的结合面刷防渗材料的种类在防护材料种类中描述。

3）零星项目干挂石材的钢骨架按表 12-9 相应项目编码列项。

4）墙柱面≤0.5m² 的少量分散的镶贴块料面层应按表 12-11 中零星项目执行。

12.7 墙饰面

1. 清单项目设置

墙饰面工程量清单项目设置、项目特征描述的内容、计量单位及工程量计算规则应按表 12-12 的规定执行。

表 12-12 墙饰面（编码：011207）

项目编码	项目名称	项目特征描述	计量单位	工程量计算规则	工作内容
011207001	墙面装饰板	1. 龙骨材料种类、规格、中距 2. 隔离层材料种类、规格 3. 基层材料种类、规格 4. 面层材料品种、规格、颜色 5. 压条材料种类、规格	m²	按设计图示墙净长乘净高以面积计算。扣除门窗洞口及单个>0.3m² 的孔洞所占面积	1. 基层清理 2. 龙骨制作、运输、安装 3. 钉隔离层 4. 基层铺钉 5. 面层铺贴

2. 清单规则解读

墙面装饰板主要有各种吸音板、防火板、波浪板、软包吸音板、聚酯纤维吸音板、雕花板、槽板、镂空板、木丝吸音板、生态木板、浮雕板、木质吸音板、装饰背景板、密度板雕花、百叶波浪板、阻燃吸音板和铝塑板等多种类型。

12.8 柱（梁）饰面

1. 清单项目设置

柱（梁）饰面工程量清单项目设置、项目特征描述的内容、计量单位及工程量计算规则应按表 12-13 的规定执行。

表 12-13 柱（梁）饰面（编码：011208）

项目编码	项目名称	项目特征描述	计量单位	工程量计算规则	工作内容
011208001	柱（梁）面装饰	1. 龙骨材料种类、规格、中距 2. 隔离层材料种类 3. 基层材料种类、规格 4. 面层材料品种、规格、颜色 5. 压条材料种类、规格	m²	按设计图示饰面外围尺寸以面积计算。柱帽、柱墩并入相应柱饰面工程量内	1. 清理基层 2. 龙骨制作、运输、安装 3. 钉隔离层 4. 基层铺钉 5. 面层铺贴

2. 清单规则解读

柱（梁）面采用铝塑板、石材干挂时按柱（梁）面装饰列项。

12.9 隔断

1. 清单项目设置

隔断工程量清单项目设置、项目特征描述的内容、计量单位、工程量计算规则应按表 12-14 的规定执行。

表 12-14 隔断（编码：011210）

项目编码	项目名称	项目特征描述	计量单位	工程量计算规则	工作内容
011210001	木隔断	1. 骨架、边框材料种类、规格 2. 隔板材料品种、规格、颜色 3. 嵌缝、塞口材料品种 4. 压条材料种类	m²	按设计图示框外围尺寸以面积计算。不扣除单个≤0.3 m²的孔洞所占面积；浴厕门的材质与隔断相同时，门的面积并入隔断面积内	1. 骨架及边框制作、运输、安装 2. 隔板制作、运输、安装 3. 嵌缝、塞口 4. 装钉压条
011210002	金属隔断	1. 骨架、边框材料种类、规格 2. 隔板材料品种、规格、颜色 3. 嵌缝、塞口材料品种	m²		1. 骨架及边框制作、运输、安装 2. 隔板制作、运输、安装 3. 嵌缝、塞口
011210003	玻璃隔断	1. 边框材料种类、规格 2. 玻璃品种、规格、颜色 3. 嵌缝、塞口材料品种	m²	按设计图示框外围尺寸以面积计算。不扣除单个≤0.3 m²的孔洞所占面积	1. 边框制作、运输、安装 2. 玻璃制作、运输、安装 3. 嵌缝、塞口
011210004	塑料隔断	1. 边框材料种类、规格 2. 隔板材料品种、规格、颜色 3. 嵌缝、塞口材料种类	m²		1. 骨架及边框制作、运输、安装 2. 隔板制作、运输、安装 3. 嵌缝、塞口
011210005	成品隔断	1. 隔断材料品种、规格、颜色 2. 配件品种、规格	1. m² 2. 间	1. 以平方米计量，按设计图示框外围尺寸以面积计算 2. 以间计量，按设计间的数量计算	1. 隔断运输、安装 2. 嵌缝、塞口
011210006	其他隔断	1. 骨架、边框材料种类、规格 2. 隔板材料品种、规格、颜色 3. 嵌缝、塞口材料品种	m²	按设计图示框外围尺寸以面积计算。不扣除单个≤0.3 m²的孔洞所占面积	1. 骨架及边框安装 2. 隔板安装 3. 嵌缝、塞口

2. 清单规则解读

1)隔断按材料分有金属隔断、玻璃隔断、塑料隔断、木质屏风等;按用途分有办公隔断、卫生间隔断、客厅隔断、橱窗隔断等;按可移动性分有固定隔断、移动隔断等。

2)固定隔断通常由饰面板材、骨架材料、密封材料和五金件组成。

12.10 典型实例

【实例1】墙面一般抹灰、墙面装饰板工程量清单编制实例

如图12-2所示,内墙面做法为:基层墙体→刷素水泥浆一道,内掺10%的801胶水→12mm厚1:1:6水泥石灰膏砂浆打底→8mm厚1:1:4水泥石灰砂浆粉面→面层刷白色内墙涂料两遍。外墙面做法为:基层墙体→20mm厚1:2水泥砂浆找平→20mm厚挤塑聚苯板保温层阻燃型(燃烧性能达到B_2级)→8mm厚聚合物抗裂砂浆抹面(布格网)→6mm厚1:2.5水泥砂浆粉面→60mm×60mm×4mm铝方型材龙骨,横向间距同金属板面宽度,纵向间距同金属板材长度,用螺栓与角钢连接,角钢用膨胀螺栓固定在墙体上→12mm厚银灰色铝板墙面。室内净高3.6m,门窗尺寸见表12-15。

12.10 【实例1】墙面一般抹灰、墙面装饰板工程量清单编制

表12-15 门窗表2

类 型	规格(宽×高)	类 型	规格(宽×高)
M-1	1000mm×2000mm	C-1	1500mm×1500mm
M-2	1200mm×2000mm	C-2	1800mm×1500mm
M-3	900mm×2400mm	C-3	3000mm×1500mm

根据以上背景资料及《建设工程工程量清单计价规范》(GB 50500—2013)、《房屋建筑与装饰工程工程量计算规范》(GB 50854—2013),试编制内墙面一般抹灰、外墙面装饰板等的分部分项工程量清单。

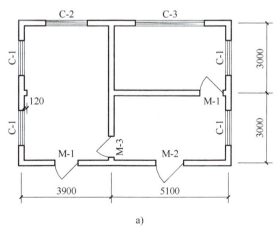

图12-2 建筑平面、立面图
a)平面图

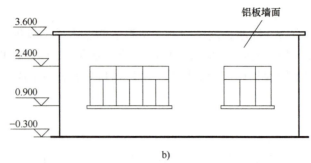

b)

图 12-2 建筑平面、立面图（续）
b）立面图

【分析与解答】

（1）计算清单工程量

1）内墙面抹灰工程量。按设计图示尺寸以面积计算。扣除墙裙、门窗洞口及单个 $>0.3 m^2$ 的孔洞面积，不扣除踢脚线的面积，门窗洞口的侧壁及顶面不增加面积。附墙柱、垛侧壁并入相应的墙面面积内。

2）外墙面装饰板工程量。按设计图示墙净长乘净高以面积计算。扣除门窗洞口及单个 $>0.3 m^2$ 的孔洞所占面积。注意外墙装饰板的计算高度为室外地坪标高至檐口标高间的差值。

（2）编制分部分项工程项目清单　清单编制在表 12-16 已有正确列项的情况下，需按规范的相关规定，根据工程背景正确描述其项目特征。分部分项工程清单与计价见表 12-17。

表 12-16　清单工程量计算表（墙面一般抹灰、装饰板工程）

序号	项目编码	项目名称	计算式	计量单位	工程量合计
1	011201001001	墙面一般抹灰	$(3.9-0.24+3\times2-0.24)m\times2\times3.6m+(5.1-0.24+3-0.24)m\times2\times3.6m\times2+0.12m\times2\times3.6m-(1.5\times1.5\times4+1.8\times1.5+3\times1.5+1.0\times2\times3+1.2\times2+0.9\times2.4\times2)m^2=9.42m\times2\times3.6m+7.62m\times2\times3.6m\times2+0.864m^2-(9+2.7+4.5+6.0+2.4+4.32)m^2$ $=178.42m^2-28.92m^2=149.50m^2$	m^2	149.50
2	011207001001	墙面装饰板	$(3.9+5.1+0.24+3\times2+0.24)m\times2\times(3.6+0.3)m-(1.5\times1.5\times4+1.8\times1.5+3\times1.5+1.0\times2+1.2\times2)m^2=15.48m\times2\times3.9m-(9+2.7+4.5+2.0+2.4)m^2=100.14m^2$		100.14

表12-17 分部分项工程清单与计价表（墙面一般抹灰、装饰板工程）

序号	项目编码	项目名称	项目特征描述	计量单位	工程量	综合单价	合价
1	011201001001	墙面一般抹灰	1. 墙体类型：砖墙 2. 底层厚度、砂浆配合比：12mm厚1:1:6水泥石灰膏砂浆打底 3. 面层厚度、砂浆配合比：8mm厚1:1:4水泥石灰砂浆粉面 4. 装饰面材料种类：白色内墙涂料两遍	m²	149.50		
2	011207001001	墙面装饰板	1. 龙骨材料种类、规格、中距：60mm×60mm×4mm铝方型材龙骨，横向间距同金属板面宽度，纵向间距同金属板材长度 2. 基层材料种类、规格：螺栓与角钢连接，砖墙 3. 面层材料品种、规格、颜色：12mm厚银灰色铝板	m²	100.14		

【实例2】块料墙面、块料柱面工程量清单编制实例

某建筑平面示意图如图12-3所示，墙厚240mm，方柱尺寸为400mm×400mm。房屋净高3.5m。内墙面（柱面）饰面的做法为：刷界面处理剂一道（砖墙时取消）→12mm厚1:3水泥砂浆打底→6mm厚1:0.1:2.5水泥石灰膏砂浆结合层→5mm厚釉面砖白水泥擦缝。门窗洞口侧壁面砖铺贴宽度均按80mm考虑。M1524表示门洞口尺寸为1500mm×2400mm（宽×高）；C1521表示窗洞口尺寸为1500mm×2100mm（宽×高）。

12.10 【实例2】块料墙面、块料柱面工程量清单编制

12.10 【拓展实例】内墙面抹灰清单编制

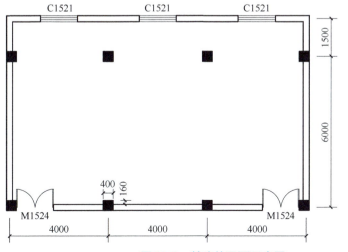

图12-3 某建筑平面示意图

根据以上背景资料及《建设工程工程量清单计价规范》(GB 50500—2013)、《房屋建筑与装饰工程工程量计算规范》(GB 50854—2013),试编制该工程室内块料墙面、块料柱面、块料零星项目的分部分项工程量清单。

【分析与解答】

块料墙面、柱面工程量,按镶贴表面积计算,即墙、柱面镶贴完成后构件的表面积计算。根据题意,块料粘结层总厚度为 18mm,白色面砖厚 5mm,计装饰层总厚度为 23mm。

清单编制在表 12-18 已有正确列项的情况下,需按规范的相关规定,根据工程背景正确描述其项目特征。分部分项工程清单与计价见表 12-19。

表 12-18 清单工程量计算表(块料墙面、柱面工程)

序号	项目编码	项目名称	计算式	计量单位	工程量合计
1	011204003001	块料墙面	$S = [(12.00 - 0.24 - 0.023 \times 2) \times 2 + (7.50 - 0.24 - 0.023 \times 2) \times 2 - (0.4 + 0.023 \times 2) \times 4 - (0.16 + 0.023) \times 4] \text{m} \times 3.5\text{m} - (1.5 - 0.023 \times 2)\text{m} \times (2.4 - 0.023)\text{m} \times 2 - (1.5 - 0.023 \times 2)\text{m} \times (2.1 - 0.023 \times 2)\text{m} \times 3 = 123.69\text{m}^2 - 15.87\text{m}^2 = 107.82\text{m}^2$	m^2	107.82
2	011205002001	块料柱面	$S = (0.4 + 0.023 \times 2)\text{m} \times 4 \times 3.5\text{m} \times 2 + (0.4 + 0.023 \times 2)\text{m} \times 4 \times 3.5\text{m} + (0.16 + 0.023)\text{m} \times 3.5\text{m} \times 12 = 12.49\text{m}^2 + 6.24\text{m}^2 + 7.69\text{m}^2 = 26.42\text{m}^2$	m^2	26.42
3	011206002001	块料零星项目	$S = [(1.5 - 0.023 \times 2) + (2.4 - 0.023) \times 2] \text{m} \times 0.08\text{m} \times 2 + [(1.5 - 0.023 \times 2) + (2.1 - 0.023 \times 2)]\text{m} \times 2 \times 0.08\text{m} \times 3 = 0.99\text{m}^2 + 1.68\text{m}^2 = 2.67\text{m}^2$	m^2	2.67

表 12-19 分部分项工程清单与计价表(块料墙面、柱面工程)

序号	项目编码	项目名称	项目特征描述	计量单位	工程量	综合单价	合价
1	011204003001	块料墙面	1. 墙体类型:砖墙 2. 底层厚度、砂浆配合比:12mm 厚 1:3 水泥砂浆打底 3. 面层厚度、砂浆配合比:6mm 厚 1:0.1:2.5 水泥石灰膏砂浆结合层 4. 装饰面材料种类:5mm 厚釉面砖白水泥擦缝	m^2	107.82		

(续)

序号	项目编码	项目名称	项目特征描述	计量单位	工程量	综合单价	合价
2	011205002001	块料柱面	1. 柱截面类型、尺寸：方柱，400mm×400mm 2. 安装方式：湿贴，柱面刷界面处理剂一道；12mm厚1:3水泥砂浆打底；6mm厚1:0.1:2.5水泥石灰膏砂浆结合层 3. 面层材料品种、规格、颜色：5mm厚釉面砖白水泥擦缝	m²	26.42		
3	011206002001	块料零星项目	1. 基层类型、部位：墙体，门窗侧壁 2. 安装方式：湿贴，12mm厚1:3水泥砂浆打底；6mm厚1:0.1:2.5水泥石灰膏砂浆结合层 3. 面层材料品种、规格、颜色：5mm厚釉面砖白水泥擦缝		2.67		

【学习评价】

序号	评价内容	评价标准	评价结果			
			优秀	良好	合格	不合格
1	清单列项	能正确列出墙、柱面工程的清单项目名称				
2	清单工程量计算	能正确计算墙、柱面的清单工程量				
3	分部分项工程项目清单	能根据工程背景准确描述项目特征				
		能准确编制分部分项工程量清单				
4		能否进行下一步学习	□能		□否	

任务 13

编制天棚工程、油漆、涂料、裱糊及其他装饰工程量清单

任务13 编制天棚工程、油漆、涂料、裱糊及其他装饰工程量清单

  【任务背景】

天棚抹灰、吊顶是天棚常见的装修方式；简单装饰工程中，无论墙面抹灰、柱面抹灰，还是天棚抹灰、石膏板装饰吊顶，表面最后一道工序基本上都是油漆或涂料。成品装修的住宅、高档会议室、高档酒店的客房，墙面还通常采用墙布裱糊。

本任务主要介绍天棚工程、油漆、涂料、裱糊及其他装饰工程量清单的编制。

  【任务目标】

1. 能正确描述天棚抹灰、吊顶的工程量计算规则。
2. 能正确描述门、窗、抹灰面油漆、墙面喷刷涂料的工程量计算规则。
3. 能编制天棚抹灰、吊顶的工程量清单。
4. 培养学生的审美观和专注质量、精益求精的工匠精神。

  【任务实施】

1. 分析学习难点

1）天棚的种类、吊顶天棚龙骨的类型。
2）天棚抹灰和吊顶天棚工程清单项目的计算规则。
3）油漆、涂料清单项目工程量的计算规则与抹灰工程量计算规则的联系。

2. 条件需求与准备

1）《房屋建筑与装饰工程工程量计算规范》（GB 50854—2013）。
2）某工程项目的建筑施工图。
3）其他相关的规范图集。

3. 操作时间安排

共计4课时，其中任务实操2课时，理论学习2课时。

4. 任务实操训练

某单位的三楼食堂餐厅装饰天棚吊顶，室内净高4.5m，餐厅内有4根断面为600mm×600mm钢筋混凝土柱，200mm厚空心砖墙，天棚布置如图13-1所示；采用 ϕ10mm 的全丝杆吊筋（吊筋理论质量0.617kg/m）；单层装配式U形（不上人型）轻钢龙骨，面层规格为500mm×500mm；纸面石膏板面层（12mm厚），接缝处粘贴自粘胶带共180m；天棚面批901胶白水泥三遍腻子、刷乳胶漆三遍；回光灯槽展开宽度为300mm（内侧不考虑批腻子刷乳胶漆），灯槽、暗窗帘盒未明确做法的均按《江苏建筑与装饰工程计价定额》（2014年）做法执行；天棚与主墙相连处安装断面为120mm×60mm的石膏装饰线。根据题目给定的条件，编制天棚工程、涂料工程、其他装饰工程、窗帘盒等项目的工程量清单。

(1) 分析与解题过程

1）清单项目列项及计量单位分析。

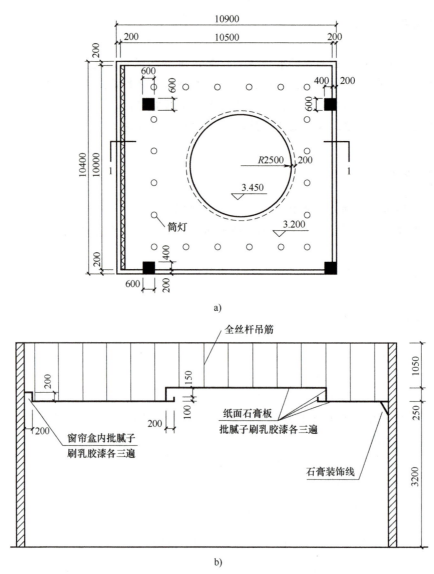

图 13-1 某项目天棚工程平面图及剖面图
a) 天棚平面图 b) 1—1 剖面图

2) 计算各清单项目的清单工程量。

(2) 编制分部分项工程项目清单 填写清单工程量计算表（表 13-1），根据工程背景准确描述其项目特征，依据《房屋建筑与装饰工程工程量计算规范》（GB 50854—2013）填写分部分项工程清单与计价表（表 13-2）。

任务 13　编制天棚工程、油漆、涂料、裱糊及其他装饰工程量清单

表 13-1　清单工程量计算表

序号	项目编码	项目名称	计算式	计量单位	工程量合计
1					
2					
3					
4					
5					

表 13-2　分部分项工程清单与计价表

序号	项目编码	项目名称	项目特征描述	工程量	综合单价	合价
1						
2						
3						
4						
5						
6						

【知识链接】

13.1　天棚抹灰

1. 清单项目设置

天棚抹灰工程量清单项目设置、项目特征描述的内容、计量单位及工程量计算规则应按表 13-3 的规定执行。

表 13-3　天棚抹灰（编码：011301）

项目编码	项目名称	项目特征描述	计量单位	工程量计算规则	工作内容
011301001	天棚抹灰	1. 基层类型 2. 抹灰厚度、材料种类 3. 砂浆配合比	m²	按设计图示尺寸以水平投影面积计算。不扣除间壁墙、垛、柱、附墙烟囱、检查口和管道所占的面积，带梁天棚的梁两侧抹灰面积并入天棚面积内，板式楼梯底面抹灰按斜面积计算，锯齿形楼梯底板抹灰按展开面积计算	1. 基层清理 2. 底层抹灰 3. 抹面层

2. 清单规则解读

1）如果梁下有墙体，梁的抹灰并入墙体抹灰计算，此时梁的底面抹灰不计算；当梁下

没有墙体时，梁的抹灰才能并入天棚抹灰工程量内计算。

2）板式楼梯底面抹灰按斜面积计算，板式楼梯底面的抹灰工程量按水平投影面积乘以系数（可由勾股定理求得）即得到斜面积。

13.2 天棚吊顶

1. 清单项目设置

天棚吊顶工程量清单项目设置、项目特征描述的内容、计量单位及工程量计算规则应按表 13-4 的规定执行。

表 13-4　天棚吊顶（编码：011302）

项目编码	项目名称	项目特征描述	计量单位	工程量计算规则	工作内容
011302001	吊顶天棚	1. 吊顶形式、吊杆规格、高度 2. 龙骨材料种类、规格、中距 3. 基层材料种类、规格 4. 面层材料品种、规格 5. 压条材料种类、规格 6. 嵌缝材料种类 7. 防护材料种类	m²	按设计图示尺寸以水平投影面积计算。天棚面中的灯槽及跌级、锯齿形、吊挂式、藻井式天棚面积不展开计算。不扣除间壁墙、检查口、附墙烟囱、柱垛和管道所占面积，扣除单个 >0.3m² 的孔洞、独立柱及与天棚相连的窗帘盒所占的面积	1. 基层清理、吊杆安装 2. 龙骨安装 3. 基层板铺贴 4. 面层铺贴 5. 嵌缝 6. 刷防护材料
011302002	格栅吊顶	1. 龙骨材料种类、规格、中距 2. 基层材料种类、规格 3. 面层材料品种、规格 4. 防护材料种类		按设计图示尺寸以水平投影面积计算	1. 基层清理 2. 安装龙骨 3. 基层板铺贴 4. 面层铺贴 5. 刷防护材料
011302003	吊筒吊顶	1. 吊筒形状、规格 2. 吊筒材料种类 3. 防护材料种类			1. 基层清理 2. 吊筒制作安装 3. 刷防护材料
011302004	藤条造型悬挂吊顶	1. 骨架材料种类、规格 2. 面层材料品种、规格			1. 基层清理 2. 龙骨安装 3. 铺贴面层
011302005	织物软雕吊顶				
011302006	装饰网架吊顶	网架材料品种、规格			1. 基层清理 2. 网架制作安装

2. 清单规则解读

1）吊顶工程的构造通常由支撑、基层和面层三部分组成。

支撑：由吊杆和主龙骨组成。吊杆又称吊筋，是主龙骨与结构层（楼板或屋架）连接的构件，一般预埋在结构层内，也可以采用后置埋件，建筑装饰装修多采用后置埋件；主龙骨又称承载龙骨或大龙骨，主龙骨与吊杆相连接。

基层：由次龙骨组成，是固定天棚面层的主要构件，并将承受面层的质量传递给支撑部分。

面层：是天棚的装饰层，使天棚达到吸声、隔热、保温、防火、美化空间等功能。

2）平面天棚：天棚面层在同一标高；跌级天棚：不在同一平面的降标高吊顶，类似阶梯的形式。

3）藻井式天棚：在房间的四周进行局部吊顶，可设计成一层或两层，装修后的效果有增加空间高度的感觉，同时可以改变室内的灯光照明效果。

4）格栅吊顶：是由平行的各种材料栅条吊在天棚上。广泛应用于大型商场、酒吧、候车室、机场、地铁场站等公共场所。

13.3 门油漆

1. 清单项目设置

门油漆工程量清单项目设置、项目特征描述的内容、计量单位及工程量计算规则应按表13-5的规定执行。

表13-5 门油漆（编号：011401）

项目编码	项目名称	项目特征描述	计量单位	工程量计算规则	工作内容
011401001	木门油漆	1. 门类型 2. 门代号及洞口尺寸 3. 腻子种类 4. 刮腻子遍数 5. 防护材料种类 6. 油漆品种、刷漆遍数	1. 樘 2. m^2	1. 以樘计量，按设计图示数量计量 2. 以平方米计量，按设计图示洞口尺寸以面积计算	1. 基层清理 2. 刮腻子 3. 刷防护材料、油漆
011401002	金属门油漆				1. 除锈、基层清理 2. 刮腻子 3. 刷防护材料、油漆

2. 清单规则解读

1）木门油漆应区分木大门、单层木门、双层（一玻一纱）木门、双层（单裁口）木门、全玻自由门、半玻自由门、装饰门及有框门或无框门等项目，分别编码列项。

2）金属门油漆应区分平开门、推拉门、钢制防火门等项目，分别编码列项。

3）以平方米计量，项目特征可不必描述洞口尺寸。

13.4 窗油漆

1. 清单项目设置

窗油漆工程量清单项目设置、项目特征描述的内容、计量单位及工程量计算规则应按表13-6的规定执行。

表 13-6 窗油漆（编号：011402）

项目编码	项目名称	项目特征描述	计量单位	工程量计算规则	工作内容
011402001	木窗油漆	1. 窗类型 2. 窗代号及洞口尺寸 3. 腻子种类 4. 刮腻子遍数 5. 防护材料种类 6. 油漆品种、刷漆遍数	1. 樘 2. m²	1. 以樘计量，按设计图示数量计量 2. 以平方米计量，按设计图示洞口尺寸以面积计算	1. 基层清理 2. 刮腻子 3. 刷防护材料、油漆
011402002	金属窗油漆				1. 除锈、基层清理 2. 刮腻子 3. 刷防护材料、油漆

2. 清单规则解读

1）木窗油漆应区分单层木门、双层（一玻一纱）木窗、双层框扇（单裁口）木窗、双层框三层（二玻一纱）木窗、单层组合窗、双层组合窗、木百叶窗、木推拉窗等项目，分别编码列项。

2）金属窗油漆应区分平开窗、推拉窗、固定窗、组合窗、金属格栅窗等项目，分别编码列项。

3）以平方米计量，项目特征可不必描述洞口尺寸。

13.5 木扶手及其他板条、线条油漆

1. 清单项目设置

木扶手及其他板条、线条油漆工程量清单项目设置、项目特征描述的内容、计量单位及工程量计算规则应按表 13-7 的规定执行。

表 13-7 木扶手及其他板条、线条油漆（编号：011403）

项目编码	项目名称	项目特征描述	计量单位	工程量计算规则	工作内容
011403001	木扶手油漆	1. 断面尺寸 2. 腻子种类 3. 刮腻子遍数 4. 防护材料种类 5. 油漆品种、刷漆遍数	m	按设计图示尺寸以长度计算	1. 基层清理 2. 刮腻子 3. 刷防护材料、油漆
011403002	窗帘盒油漆				
011403003	封檐板、顺水板油漆				
011403004	挂衣板、黑板框油漆				
011403005	挂镜线、窗帘棍、单独木线油漆				

2. 清单规则解读

木扶手应区分带托板与不带托板，分别编码列项，若是木栏杆带扶手，木扶手不应单独列项，应包含在木栏杆油漆中。

13.6 木材面油漆

1. 清单项目设置

木材面油漆工程量清单项目设置、项目特征描述的内容、计量单位及工程量计算规则应

按表 13-8 的规定执行。

表 13-8　木材面油漆（编号：011404）

项目编码	项目名称	项目特征描述	计量单位	工程量计算规则	工作内容
011404001	木护墙、木墙裙油漆	1. 腻子种类 2. 刮腻子遍数 3. 防护材料种类 4. 油漆品种、刷漆遍数	m²	按设计图示尺寸以面积计算	1. 基层清理 2. 刮腻子 3. 刷防护材料、油漆
011404002	窗台板、筒子板、盖板、门窗套、踢脚线油漆				
011404003	清水板条天棚、檐口油漆				
011404004	木方格吊顶天棚油漆				
011404005	吸音板墙面、天棚面油漆				
011404006	暖气罩油漆				
011404007	其他木材面				
011404008	木间壁、木隔断油漆			按设计图示尺寸以单面外围面积计算	
011404009	玻璃间壁露明墙筋油漆				
011404010	木棚栏、木栏杆（带扶手）油漆				
011404011	衣柜、壁柜油漆			按设计图示尺寸以油漆部分展开面积计算	
011404012	梁柱饰面油漆				
011404013	零星木装修油漆				
011404014	木地板油漆			按设计图示尺寸以面积计算。空洞、空圈、暖气包槽、壁龛的开口部分并入相应的工程量内	
011404015	木地板烫硬蜡面	1. 硬蜡品种 2. 面层处理要求			1. 基层清理 2. 烫蜡

2. 清单规则解读

木材面油漆施工首先清理木器表面，然后用磨砂纸进行打光，上润油粉，打磨砂纸，满刮第一遍腻子；砂纸磨光，满刮第二遍腻子；再用细砂纸磨光，涂刷油色，刷第一遍清漆；拼找颜色，复补腻子，细砂纸磨光，刷第二遍清漆；细砂纸磨光，刷第三遍清漆；磨光，水砂纸打磨退光，打蜡，擦亮。

13.7　金属面油漆

1. 清单项目设置

金属面油漆工程量清单项目设置、项目特征描述的内容、计量单位及工程量计算规则应按表13-9的规定执行。

表13-9 金属面油漆（编号：011405）

项目编码	项目名称	项目特征描述	计量单位	工程量计算规则	工作内容
011405001	金属面油漆	1. 构件名称 2. 腻子种类 3. 刮腻子要求 4. 防护材料种类 5. 油漆品种、刷漆遍数	1. t 2. m²	1. 以吨计量，按设计图示尺寸以质量计算 2. 以平方米计量，按设计展开面积计算	1. 基层清理 2. 刮腻子 3. 刷防护材料、油漆

2. 清单规则解读

金属面油漆工程的工程量以被刷漆的构件的质量或构件的表面积来计算油漆的工程量。

13.8 抹灰面油漆

1. 清单项目设置

抹灰面油漆工程量清单项目设置、项目特征描述的内容、计量单位及工程量计算规则应按表13-10的规定执行。

表13-10 抹灰面油漆（编号：011406）

项目编码	项目名称	项目特征描述	计量单位	工程量计算规则	工作内容
011406001	抹灰面油漆	1. 基层类型 2. 腻子种类 3. 刮腻子遍数 4. 防护材料种类 5. 油漆品种、刷漆遍数 6. 部位	m²	按设计图示尺寸以面积计算	1. 基层清理 2. 刮腻子 3. 刷防护材料、油漆
011406002	抹灰线条油漆	1. 线条宽度、道数 2. 腻子种类 3. 刮腻子遍数 4. 防护材料种类 5. 油漆品种、刷漆遍数	m	按设计图示尺寸以长度计算	
011406003	满刮腻子	1. 基层类型 2. 腻子种类 3. 刮腻子遍数	m²	按设计图示尺寸以面积计算	1. 基层清理 2. 刮腻子

2. 清单规则解读

腻子是平整墙体或构件表面的一种装饰型材料，是一种厚浆状涂料，是涂料和油漆施工前必不可少的一种工序产品。涂施于底漆上或直接涂施于物体上，用以清除被涂物表面上高低不平的缺陷。采用少量漆基、助剂、大量填料及适量的着色颜料配制而成，所用颜料主要是铁红、炭黑、铬黄等。填料主要是重碳酸钙、滑石粉等。可填补局部有凹陷的工作表面，也可在全部表面刮涂，通常是在底漆层干透后，施涂于底漆层表面。要求附着性好、烘烤过程中不产生裂纹。

13.9 喷刷涂料

1. 清单项目设置

喷刷涂料工程量清单项目设置、项目特征描述的内容、计量单位及工程量计算规则应按表 13-11 的规定执行。

表 13-11　喷刷涂料（编号：011407）

项目编码	项目名称	项目特征描述	计量单位	工程量计算规则	工 作 内 容
011407001	墙面喷刷涂料	1. 基层类型 2. 喷刷涂料部位 3. 腻子种类 4. 刮腻子要求 5. 涂料品种、喷刷遍数	m^2	按设计图示尺寸以面积计算	1. 基层清理 2. 刮腻子 3. 刷、喷涂料
011407002	天棚喷刷涂料				
011407003	空花格、栏杆刷涂料	1. 腻子种类 2. 刮腻子遍数 3. 涂料品种、刷喷遍数		按设计图示尺寸以单面外围面积计算	
011407004	线条刷涂料	1. 基层清理 2. 线条宽度 3. 刮腻子遍数 4. 刷防护材料、油漆	m	按设计图示尺寸以长度计算	
011407005	金属构件刷防火涂料	1. 喷刷防火涂料构件名称 2. 防火等级要求 3. 涂料品种、喷刷遍数	1. m^2 2. t	1. 以吨计量，按设计图示尺寸以质量计算 2. 以平方米计量，按设计展开面积计算	1. 基层清理 2. 刷防护材料、油漆
011407006	木材构件喷刷防火涂料		m^2	以平方米计量，按设计图示尺寸以面积计算	1. 基层清理 2. 刷防火材料

2. 清单规则解读

1）喷刷墙面涂料部位要注明内墙或外墙。

2）油漆和涂料的区别。涂料包括固体的粉末涂料和液体的油漆，油漆只能是液体的油漆，不能等同于涂料。涂料一词可覆盖行业的各类产品。涂料可分为三大类：油（性）漆、水性漆、粉末涂料；漆（可流动的液体涂料）包括油（性）漆及水性漆。

13.10 裱糊

1. 清单项目设置

裱糊工程量清单项目设置、项目特征描述的内容、计量单位及工程量计算规则应按

表13-12 的规定执行。

表13-12 裱糊（编号：011408）

项目编码	项目名称	项目特征描述	计量单位	工程量计算规则	工作内容
011408001	墙纸裱糊	1. 基层类型 2. 裱糊部位 3. 腻子种类 4. 刮腻子遍数 5. 粘结材料种类 6. 防护材料种类 7. 面层材料品种、规格、颜色	m²	按设计图示尺寸以面积计算	1. 基层清理 2. 刮腻子 3. 面层铺粘 4. 刷防护材料
011408002	织锦缎裱糊				

2. 清单规则解读

墙纸裱糊指将壁纸用胶粘剂裱糊在建筑结构基层的表面上。由于壁纸的图案、花纹丰富，色彩鲜艳，故更显得室内装饰豪华、美观、艺术、雅致，同时，对墙壁起到一定的保护作用。

裱糊壁纸可以减少现场湿作业，基层处理也比刷油漆、涂料简便。多数壁纸表面可耐水擦洗；有的有一定的透气性，可使墙体基层中的水分向外散，不致引起开胶、起鼓、变色等现象；有的有一定的延伸性；有的品种遇火自熄或完全不燃烧。

13.11 压条、装饰线

1. 清单项目设置

压条、装饰线工程量清单项目设置、项目特征描述的内容、计量单位及工程量计算规则应按表13-13 的规定执行。

表13-13 压条、装饰线（编号：011502）

项目编码	项目名称	项目特征描述	计量单位	工程量计算规则	工作内容
011502001	金属装饰线	1. 基层类型 2. 线条材料品种、规格、颜色 3. 防护材料种类	m	按设计图示尺寸以长度计算	1. 线条制作、安装 2. 刷防护材料
011502002	木质装饰线				
011502003	石材装饰线				
011502004	石膏装饰线				
011502005	镜面玻璃线				
011502006	铝塑装饰线				
011502007	塑料装饰线				
011502008	GRC装饰线条	1. 基层类型 2. 线条规格 3. 线条安装部位 4. 填充材料种类			线条制作、安装

2. 清单规则解读

1) 线条主要用作建筑物室内墙面的腰饰线、墙面洞口装饰线、护壁和勒脚的压条饰线、门框装饰线、天棚装饰角线、栏杆扶手镶边、门窗及家具的镶边等。

2) GRC 是一种以耐碱玻璃纤维为增强材料，水泥砂浆为基体材料的纤维水泥复合材料。它的突出特点是具有很好的抗拉和抗折强度，尤其是有较好的韧性，特别适合制作装饰造型和用来表现强烈的质感。

13.12 扶手、栏杆、栏板装饰

1. 清单项目设置

扶手、栏杆、栏板装饰工程量清单项目设置、项目特征描述的内容、计量单位及工程量计算规则应按表 13-14 的规定执行。

表 13-14 扶手、栏杆、栏板装饰（编码：011503）

项目编码	项目名称	项目特征描述	计量单位	工程量计算规则	工作内容
011503001	金属扶手、栏杆、栏板	1. 扶手材料种类、规格 2. 栏杆材料种类、规格 3. 栏板材料种类、规格、颜色 4. 固定配件种类 5. 防护材料种类	m	按设计图示以扶手中心线长度（包括弯头长度）计算	1. 制作 2. 运输 3. 安装 4. 刷防护材料
011503002	硬木扶手、栏杆、栏板				
011503003	塑料扶手、栏杆、栏板				
011503004	GRC 栏杆、扶手	1. 栏杆的规格 2. 安装间距 3. 扶手类型规格 4. 填充材料种类			
011503005	金属靠墙扶手	1. 扶手材料种类、规格 2. 固定配件种类 3. 防护材料种类		按设计图示以扶手中心线长度（包括弯头长度）计算	1. 制作 2. 运输 3. 安装 4. 刷防护材料
011503006	硬木靠墙扶手				
011503007	塑料靠墙扶手				
011503008	玻璃栏板	1. 栏杆玻璃的种类、规格、颜色 2. 固定方式 3. 固定配件种类			

2. 清单规则解读

1) 栏板，是建筑物中起到围护作用的一种构件，供人在正常使用建筑物时防止坠落的防护措施，是一种板状护栏设施，封闭连续，一般用在阳台或屋面女儿墙部位，高度一般在1m左右。

2）栏杆，建筑上主要用在楼梯部位，与扶手一起作为楼梯使用中的安全防护设施。在女儿墙的部位有时也用栏杆与扶手作为防护。

13.13 雨篷、旗杆

1. 清单项目设置

雨篷、旗杆工程量清单项目设置、项目特征描述的内容、计量单位及工程量计算规则应按表13-15的规定执行。

表13-15 雨篷、旗杆（编号：011506）

项目编码	项目名称	项目特征描述	计量单位	工程量计算规则	工作内容
011506001	雨篷吊挂饰面	1. 基层类型 2. 龙骨材料种类、规格、中距 3. 面层材料品种、规格 4. 吊顶（天棚）材料品种、规格 5. 嵌缝材料种类 6. 防护材料种类	m²	按设计图示尺寸以水平投影面积计算	1. 底层抹灰 2. 龙骨基层安装 3. 面层安装 4. 刷防护材料、油漆
011506002	金属旗杆	1. 旗杆材料种类、规格 2. 旗杆高度 3. 基础材料种类 4. 基座材料种类 5. 基座面层材料种类、规格	根	按设计图示数量计算	1. 土石挖、填、运 2. 基础混凝土浇筑 3. 旗杆制作、安装 4. 旗杆台座制作、饰面
011506003	玻璃雨篷	1. 玻璃雨篷固定方式 2. 龙骨材料种类、规格、中距 3. 玻璃材料品种、规格 4. 嵌缝材料种类 5. 防护材料种类	m²	按设计图示尺寸以水平投影面积计算	1. 龙骨基层安装 2. 面层安装 3. 刷防护材料、油漆

2. 清单规则解读

玻璃雨篷是以钢结构框架为主要结构，选用优质Q235材质的系列钢管，包括钢柱、钢主梁、次梁等作为雨篷的承重结构。为了安全保障，大多玻璃雨篷会使用钢化玻璃。

13.14 典型实例

【实例1】天棚抹灰工程量清单编制实例

某建筑平面图如图13-2所示，墙厚240mm，天棚基层类型为混凝土现浇板，楼板层向下的做法依次为：刷界面处理剂一道→8mm厚1:1:6水泥石灰砂浆打底→5mm厚1:2水泥砂浆抹面→刷白色内墙涂料两遍。框架柱尺寸为400mm×400mm。

13.14 【实例1】天棚抹灰工程量清单编制

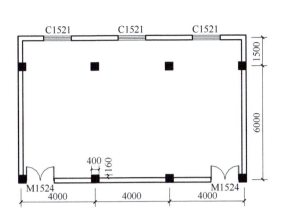
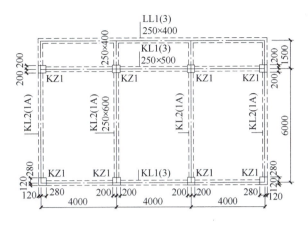

图 13-2　某建筑平面图

根据以上背景资料及《建设工程工程量清单计价规范》（GB 50500—2013）、《房屋建筑与装饰工程工程量计算规范》（GB 50854—2013），试列出该天棚抹灰、天棚喷刷涂料的分部分项工程量清单。

【分析与解答】

天棚抹灰工程量按设计图示尺寸以水平投影面积计算。不扣除间壁墙、垛、柱所占的面积。不与墙相连的框架梁梁侧抹灰并入天棚抹灰工程量内。

清单编制在表 13-16 已有正确列项的情况下，需按表 13-3、表 13-11 的提示，根据工程背景正确描述其项目特征。分部分项工程清单与计价见表 13-17。

表 13-16　清单工程量计算表（某天棚抹灰、天棚喷刷涂料工程）

序号	项目编码	项目名称	计算式	计量单位	工程量合计
1	011301001001	天棚抹灰	$S = (12 - 0.24)\,m \times (7.5 - 0.24)\,m + (0.6 - 0.12)\,m \times (6 - 0.28 - 0.2)\,m \times 2 \times 2 + (0.4 - 0.12)\,m \times (1.5 - 0.2 - 0.13)\,m \times 2 \times 2 + (0.5 - 0.12)\,m \times (12 - 0.28 \times 2 - 0.4 \times 2)\,m \times 2 = 105.38\,m^2$	m^2	105.38
2	011407002001	天棚喷刷涂料	同天棚抹灰工程量		105.38

表 13-17　分部分项工程清单与计价表（某天棚抹灰、天棚喷刷涂料工程）

序号	项目编码	项目名称	项目特征描述	计量单位	工程量	综合单价	合价
1	011301001001	天棚抹灰	1. 基层类型：现浇钢筋混凝土板 2. 抹灰厚度、材料种类、砂浆配合比：8mm 厚 1:1:6 水泥石灰砂浆打底；5mm 厚 1:2 水泥砂浆抹面	m^2	105.38		

（续）

序号	项目编码	项目名称	项目特征描述	计量单位	工程量	综合单价	合价
2	011407002001	天棚喷刷涂料	1. 基层类型：水泥砂浆抹灰层 2. 喷刷部位：天棚抹灰面 3. 涂料品种、喷涂遍数：白色内墙涂料2遍	m²	105.38		

【实例2】 吊顶天棚工程量清单编制实例

预制钢筋混凝土板底吊不上人型装配式U形轻钢龙骨，间距400mm×400mm，龙骨上铺钉中密度板，面层粘贴6mm厚铝塑板，尺寸如图13-3所示，铝塑板吊顶构造详见05J1-72-顶20。墙厚240mm。

根据以上背景资料及《建设工程工程量清单计价规范》（GB 50500—2013）、《房屋建筑与装饰工程工程量计算规范》（GB 50854—2013），试编制吊顶天棚的分部分项工程量清单。

13.14 【实例2】吊顶天棚工程量清单编制

【分析与解答】

吊顶天棚工程量按设计图示尺寸以水平投影面积计算。不扣除间壁墙、柱垛、管道所占的面积。扣除单个 > 0.3m² 的孔洞、独立柱及与天棚相连的窗帘盒所占的面积。

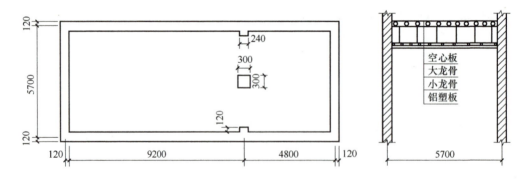

图13-3 吊顶天棚示意图

清单编制在表13-18已有正确列项的情况下，需按表13-4的提示，根据工程背景正确描述其项目特征。分部分项工程清单与计价见表13-19。

表13-18 清单工程量计算表（某吊顶天棚工程）

序号	项目编码	项目名称	计算式	计量单位	工程量合计
1	011302001001	吊顶天棚	$S = (14.00 - 0.12)\text{m} \times (5.70 - 0.24)\text{m}$ $= 75.78\text{m}^2$	m²	75.78

表 13-19　分部分项工程清单与计价表（某吊顶天棚工程）

序号	项目编码	项目名称	项目特征描述	计量单位	工程量	综合单价	合价
1	011302001001	吊顶天棚	1. 吊顶形式、吊杆规格、高度：预制钢筋混凝土板底吊不上人型 2. 龙骨材料种类、规格、中距：U形轻钢龙骨，间距400mm×400mm 3. 基层材料种类、规格：龙骨上铺钉中密度板 4. 面层材料品种、规格：面层粘贴6mm厚铝塑板	m²	75.78		

【实例3】地面、墙面、天棚等项目的工程量清单编制综合实例

某工程地面、墙面、天棚的装饰工程如图13-4～图13-7所示，外墙厚度为240mm，房间尺寸为12m×18m，800mm×800mm独立柱4根，内墙抹灰厚度为20mm，吊顶高度为3.6m（窗帘盒占位面积为7m²），门窗占位面积为80m²，门窗洞口侧壁抹灰15m²、柱垛展开面积11m²。地砖地面施工完成后，吊顶高度为3.6m（窗帘盒占位面积为7m²）。构造做法：地面20mm厚1:3水泥砂浆找平、20mm厚1:2干性水泥砂浆粘贴米色玻化砖，玻化砖踢脚线高度为150mm（门洞宽度合计4m）。内墙面乳胶漆一底两面。天棚轻钢龙骨石膏板面刮成品腻子面罩乳胶漆一底两面。柱面挂贴30mm厚花岗石板，花岗石板和柱结构面之间空隙填灌50mm厚的1:3水泥砂浆。

13.14 【实例3】地面、墙面、天棚等项目的工程量清单编制

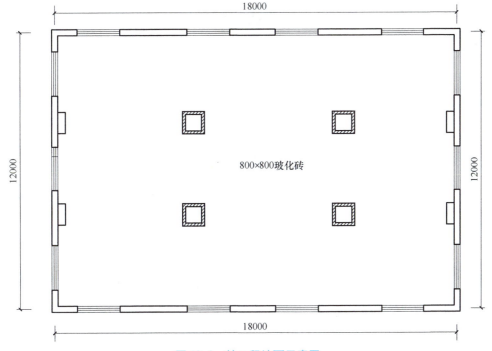

图13-4　某工程地面示意图

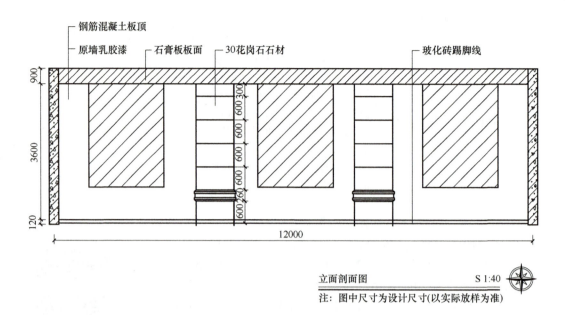

图 13-5 某工程大厅立面图

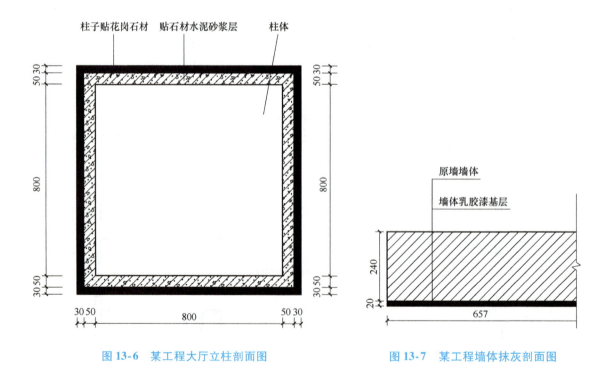

图 13-6 某工程大厅立柱剖面图　　图 13-7 某工程墙体抹灰剖面图

根据以上背景资料及《建设工程工程量清单计价规范》(GB 50500—2013)、《房屋建筑与装饰工程工程量计算规范》(GB 50854—2013)，试列出该装饰工程地面、内墙面、天棚等项目的分部分项工程量清单。

任务 13　编制天棚工程、油漆、涂料、裱糊及其他装饰工程量清单

【分析与解答】

（1）计算清单工程量

1）玻化砖地面。玻化砖地面为石材地面，根据工程量计算规则，其清单工程量按设计图示尺寸以面积计算。门洞、空圈、暖气包槽、壁龛的开口部分并入相应的工程量内。表 13-20 中玻化砖工程量计算中扣除了内墙面抹灰厚所占面积（长、宽各扣除尺寸 40mm，实铺面积的扣减符合先墙面抹灰施工再地面施工的常规施工工艺），且扣除了房间中四根独立柱（$>0.3m^2$）所占面积。

2）玻化砖踢脚线。玻化砖踢脚线为块料踢脚线，根据工程量计算规则，可以用"平方米"作为计量单位，按设计图示尺寸乘以高度以面积计算。由题意，踢脚线高 150mm，门洞宽合计 4m，在踢脚线工程量计算中需扣除门洞宽所占面积。

3）墙面混合砂浆抹灰。墙面混合砂浆抹灰为墙面一般抹灰，根据计算规则，其工程量按设计图示尺寸以面积计算，扣除门窗洞口所占面积，不扣除踢脚线所占面积（取房间净高 3.6m 计算），门窗洞口侧壁及顶面不增加面积，因此题中门窗侧壁抹灰 $15m^2$ 不能并入工程量；附墙柱、梁、垛侧壁并入相应工程量内，题中附墙垛抹灰 $11m^2$ 需并入墙面抹灰工程量。

4）花岗石柱面。花岗石柱面为石材柱面，根据计算规则，其工程量按镶贴表面积计算。由图 13-6 可知，镶贴石材后柱表周长为 $[0.8+(0.05+0.03)\times2]m\times4=3.84m$。

5）轻钢龙骨石膏板吊顶天棚。轻钢龙骨石膏板吊顶天棚为吊顶天棚，根据计算规则，其工程量按设计图示尺寸以水平投影面积计算，扣除单个 $>0.3m^2$ 的独立柱（$0.8m\times0.8m$，共 4 根）所占面积，扣除与天棚相连窗帘盒所占面积（题意条件 $7m^2$）。

6）墙面喷刷乳胶漆。墙面喷刷乳胶漆为墙面喷刷涂料，根据计算规则，其工程量按设计图示尺寸以面积计算，与墙面抹灰的工程量相等。

7）天棚喷刷乳胶漆。天棚喷刷乳胶漆为天棚喷刷涂料，工程量计算规则同墙面喷刷乳胶漆。工程量按施工的净面积计算。

（2）编制分部分项工程项目清单　清单编制在表 13-20 已有正确列项的情况下，需按相关项目的规范提示，根据工程背景正确描述其项目特征。分部分项工程清单与计价见表 13-21。

表 13-20　清单工程量计算表

序号	项目编码	项目名称	计算式	计量单位	工程量合计
1	011102001001	玻化砖地面	$S=(12-0.24-0.04)m\times(18-0.24-0.04)m=207.68m^2$ 扣柱占位面积：$(0.8\times0.8)m^2\times4=2.56m^2$ 小计：$207.68m^2-2.56m^2=205.12m^2$	m^2	205.12
2	011105003001	玻化砖踢脚线	$L=[(12-0.24-0.04)+(18-0.24-0.04)]m\times2-4m$（门洞宽度）$=54.88m$ $S=54.88m\times0.15m=8.23m^2$		8.23

（续）

序号	项目编码	项目名称	计算式	计量单位	工程量合计
3	011201001001	墙面混合砂浆抹灰	$S=[(12-0.24)+(18-0.24)]\text{m}\times2\times3.6\text{m}$（高度）$-80\text{m}^2$（门窗洞口占位面积）$+11\text{m}^2$（柱垛展开面积）$=143.54\text{m}^2$	m^2	143.54
4	011205001001	花岗石柱面	柱周长：$[0.8+(0.05+0.03)\times2]\text{m}\times4=3.84\text{m}$ $S=3.84\text{m}\times3.6\text{m}$（高度）$\times4=55.30\text{m}^2$		55.30
5	011302001001	轻钢龙骨石膏板吊顶天棚	$207.68\text{m}^2-0.8\text{m}\times0.8\text{m}\times4-7\text{m}^2$（窗帘盒占位面积）$=198.12\text{m}^2$		198.12
6	011407001001	墙面喷刷乳胶漆	同墙面抹灰 143.54m^2		143.54
7	011407002001	天棚喷刷乳胶漆	$207.68\text{m}^2-(0.8\text{m}+0.05\text{m}\times2+0.03\text{m}\times2)^2\times4-7\text{m}^2$（窗帘盒占位面积）$=196.99\text{m}^2$		196.99

表 13-21　分部分项工程清单与计价表

序号	项目编码	项目名称	项目特征描述	计量单位	工程量	综合单价	合价
1	011102001001	玻化砖地面	1. 找平层厚度、砂浆配合比：20mm 厚 1:3 水泥砂浆 2. 结合层、砂浆配合比：20mm 厚 1:2 干硬性水泥砂浆 3. 面层品种、规格、颜色：米色玻化砖（详见设计图）	m^2	205.12		
2	011105003001	玻化砖踢脚线	1. 踢脚线高度：150mm 2. 粘结层厚度、材料种类：4mm 厚纯水泥浆（42.5 级水泥中掺 20% 白乳胶） 3. 面层材料种类：玻化砖面层，白水泥擦缝		8.23		
3	011201001001	墙面混合砂浆抹灰	1. 墙体类型：综合 2. 底层厚度、砂浆配合比：9mm 厚 1:1:6 混合砂浆打底、7mm 厚 1:1:6 混合砂浆垫层 3. 面层厚度、砂浆配合比：5mm 厚 1:0.3:2.5 混合砂浆		143.54		

任务 13　编制天棚工程、油漆、涂料、裱糊及其他装饰工程量清单

（续）

序号	项目编码	项目名称	项目特征描述	计量单位	工程量	综合单价	合价
4	011205001001	花岗石柱面	1. 柱截面类型、尺寸：800m×800m 矩形柱 2. 安装方式：挂贴，石材与柱结构面之间50mm的空隙灌填1∶3水泥砂浆 3. 缝宽、嵌缝材料种类：密缝，白水泥擦缝	m²	55.30		
5	011302001001	轻钢龙骨石膏板吊顶天棚	1. 吊顶形式、吊杆规格、高度：6.5一级钢吊杆，高度900mm 2. 龙骨材料种类、规格、中距：轻钢龙骨规格、中距详见设计图 3. 面层材料种类、规格：厚纸面石膏板1200mm×2400mm×12mm		198.12		
6	011407001001	墙面喷刷乳胶漆	1. 基层类型：抹灰面 2. 喷刷涂料部位：内墙面 3. 腻子种类：成品腻子 4. 刮腻子要求：符合施工及验收规范的平整度 5. 涂料品种、喷刷遍数：乳胶漆底漆一遍、面漆两遍		143.54		
7	011407002001	天棚喷刷乳胶漆	1. 基层类型：石膏板面 2. 喷刷涂料部位：天棚 3. 腻子种类：成品腻子 4. 刮腻子要求：符合施工及验收规范的平整度 5. 涂料品种、喷刷遍数：乳胶漆底漆一遍、面漆两遍		196.99		

【学习评价】

序号	评价内容	评价标准	评价结果			
			优秀	良好	合格	不合格
1	清单列项	能列出天棚工程、油漆工程、涂料工程、其他装饰工程的清单项目名称				
2	清单工程量计算	能正确计算天棚工程、油漆工程、涂料工程、其他装饰工程的清单工程量				
3	分部分项工程项目清单	能根据工程背景准确描述项目特征				
		能编制天棚工程、油漆工程、涂料工程、其他装饰工程的工程量清单				
4		能否进行下一步学习	□能		□否	

任务 14

编制装配式混凝土结构工程量清单

任务 14　编制装配式混凝土结构工程量清单

【任务背景】

装配式混凝土结构包括多种类型，其中由预制混凝土构件通过可靠方式进行连接并于现场后浇混凝土、水泥基灌浆料形成整体的混凝土结构，称为装配整体式混凝土结构，是我国目前装配式混凝土结构主要采用的结构形式。装配整体式混凝土结构体系主要包括装配整体式混凝土框架结构、装配整体式混凝土剪力墙结构、装配整体式混凝土框架—现浇剪力墙结构。装配式混凝土结构中的预制构件主要包括：叠合板、叠合梁、预制柱、预制剪力墙、预制内隔墙、预制楼梯、预制阳台、预制外墙板等。本任务以叠合板、预制内隔墙、预制楼梯等三种应用较普遍的预制构件为例介绍其清单编制。

子任务 14.1　编制叠合板工程量清单

【任务目标】

1. 能正确描述装配式混凝土叠合板的清单工程量计算规则。
2. 能正确计算装配式混凝土叠合板的清单工程量。
3. 能正确理解与叠合板相连的框架梁的清单列项及工程量计算。
4. 培养学生具体问题具体分析的逻辑思维能力和精益建造、精细管理的职业态度。

【任务实施】

1. 分析学习难点

1）理解叠合板及与其相连的框架梁的清单项目列项。
2）理解装配式混凝土结构的施工工艺，理解叠合板的清单工程量计算规则。

2. 条件需求与准备

1）《房屋建筑与装饰工程工程量计算规范》（GB 50854—2013）。
2）《江苏省装配式混凝土建筑工程定额（试行）》。
3）某装配式混凝土结构的梁平法施工图、预制叠合楼板平面布置图等结构施工图或结构深化设计施工图。
4）其他相关的规范图集。

3. 操作时间安排

共计 4 课时，其中任务实操 2 课时，理论学习 2 课时。

4. 任务实操训练

识读电子资源附录一中某工程 1#结构施工图 22- 二层梁配筋图、某工程 1#结构施工图 03- 地下室顶板至 3.040m 标高间墙、柱平面布置图等结构施工图以及 1 号房屋装配式结构深化 04- 二层预制叠合楼板平面布置图，依据《建设工程工程量清单计价规范》（GB 50500—

某工程 1#结构施工图 22- 二层梁配筋图

2013)、《房屋建筑与装饰工程工程量计算规范》(GB 50854—2013)以及《江苏省装配式混凝土建筑工程定额(试行)》中的附录二——装配式混凝土建筑工程量清单补充规则,编制其二层楼面叠合板及与其相邻的框架梁工程量清单(③~⑦轴与C~F轴围成的区域范围)。

某工程 1#结构施工图 03-
地下室顶板至 3.040m 标高
间墙、柱平面布置图

1 号房屋装配式结构深化
04-二层预制叠合楼板
平面布置图

(1) 分析与解答

1) 解释结构深化设计图"二层预制叠合楼板平面布置图"中指定区域内叠合板(H)DBS68-L-04 的编号含义。

2) 依据图 14-1 和图 14-2 及相关结构设计深化图说明剪力墙、框架梁、预制叠合板、现浇混凝土叠合层施工的先后顺序。

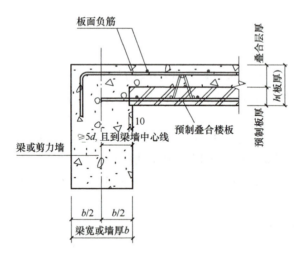

图 14-1 双向叠合板板侧连接节点图

3) 依据相关图纸,说明叠合板(H)DBS68-L-05 的长度、宽度以及混凝土强度。

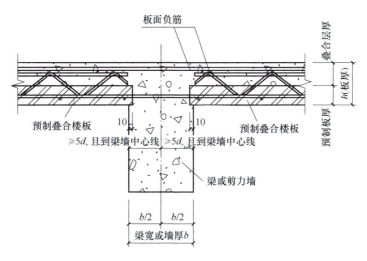

图 14-2　叠合板中间支座连接节点图

4）判断图 14-3 中构件的清单列项是否正确。

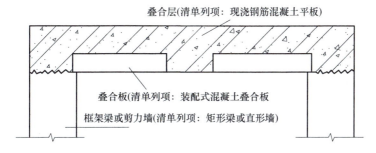

图 14-3　装配式叠合楼盖关联构件清单列项分析

5）计算预制叠合板的清单工程量。

6）计算现浇混凝土框架梁（矩形梁）的清单工程量。

7）计算现浇混凝土平板的清单工程量。

（2）编制分部分项工程项目清单　填写清单工程量计算表（表 14-1），根据工程背景准确描述其项目特征，依据《房屋建筑与装饰工程工程量计算规范》（GB 50854—2013）、《江苏省装配式混凝土建筑工程定额（试行）》填写分部分项工程清单与计价表（表 14-2）。

207

表14-1 清单工程量计算表1

序号	项目编码	项目名称	计算式	计量单位	工程量合计
1					
2					
3					

表14-2 分部分项工程和单价措施项目清单与计价表1

序号	项目编码	项目名称	项目特征描述	计量单位	工程量	综合单价	合价
1							
2							
3							

【知识链接】

14.1.1 清单项目设置

装配式混凝土叠合板工程量清单项目设置应按《江苏省装配式混凝土建筑工程定额（试行）》附录二中的规定执行，见表14-3。

表14-3 装配式混凝土叠合板工程量清单

项目编码	项目名称	项目特征描述	计量单位	工程量计算规则	工作内容
010512902	装配式混凝土叠合板	1. 板类型（非预应力或非预应力板） 2. 混凝土强度等级	m^3	按设计图示尺寸以体积计算，扣除空心板空心部分体积，不扣除构件内钢筋、预埋铁件所占体积	1. 构件购入与运输 2. 构件吊装、固定 3. 钢筋调直与焊接 4. 支撑安拆

14.1.2 清单项目解读

1）预制叠合楼板由预制底板和现浇叠合层复合组成，预制底板在施工时作为模板承受施工荷载，在结构施工完成后与现浇叠合层一起形成整体，传递结构荷载。叠合板有钢筋混凝土叠合板、预应力混凝土叠合板、带肋叠合板、箱式叠合板等多种形式。叠合板的预制底板在施工期间承受施工荷载，应具有足够的承载能力和刚度，其厚度不宜小于60mm。对于跨度大于3m的叠合板，宜采用桁架钢筋混凝土叠合板。

常见的叠合板有以下几种：

① 桁架钢筋混凝土叠合板。桁架钢筋混凝土叠合板包括预制层和现浇层，预制层中包括钢筋桁架及其底部混凝土层，钢筋桁架由下弦钢筋、上弦钢筋和连接两者的腹杆钢筋组

成。桁架钢筋混凝土叠合板如图 14-4 所示。

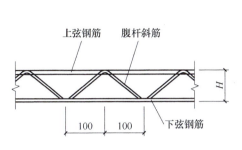

图 14-4　桁架钢筋混凝土叠合板

② PK 预应力混凝土叠合板。PK 是中文"拼装、快速"的拼音首写字母，PK 预应力混凝土叠合板是一种新型装配整体式预应力混凝土楼板，简称 PK 板，如图 14-5 所示。它是以倒 T 形预应力混凝土预制带肋薄板为底板，肋上预留椭圆孔，孔内穿置横向非预应力受力钢筋，然后再浇注叠合层混凝土从而形成整体双向受力楼板。板肋的存在使新老混凝土的接触面增大了，能保证叠合层混凝土与预制带肋底板形成整体，协调受力并共同承载，加强了叠合面的抗剪性能。板肋还使得底板在运输及施工过程中不易折断，并有效控制预应力反拱值，且预留孔洞可方便布置楼板内的预埋管线。

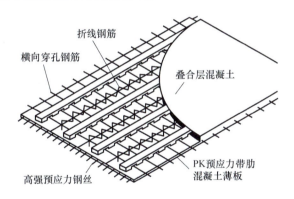

图 14-5　PK 预应力混凝土叠合板

叠合板安装工艺流程为：预制板支撑安装→预制板吊装就位→预制板位置校正→绑扎叠合板负弯矩钢筋，支设叠合板拼缝处等后浇区域模板。

2）叠合楼盖施工图主要包括预制底板平面布置图、现浇层配筋图、水平后浇带或圈梁布置图。叠合楼盖的制图规则适用于以剪力墙、梁为支座的叠合楼（屋）面板施工图。

① 叠合楼盖施工图的表示方法。所有叠合板块应逐一编号，相同编号的板块可选择其一做集中标注，其他仅注写置于圆圈内的板编号。当板面标高不同时，在板编号的斜线下标注标高高差，下降为负（−）。叠合板编号由叠合板代号和序号组成。某施工图中叠合板的编号表示为 DBD(S)ab − L(R) − ××，表示叠合板单向受力板（双向受力板），预制底板厚度为 $a$cm，后浇叠合层厚度为 $b$cm，编号顺序为 ××，预制叠合板编号释义如图 14-6 所示。

② 叠合楼盖现浇层的标注。叠合楼盖现浇层注写方法与《混凝土结构施工图平面整体

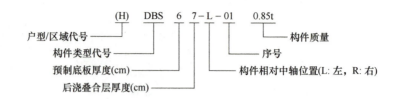

图 14-6 预制叠合板编号释义

表示方法制图规则和构造详图（现浇混凝土框架、剪力墙、梁、板）》（22G101-1）的"有梁楼盖板平法施工图的表示方法"相同，同时应标注叠合板编号。

③ 标准图集中叠合板底板编号。预制底板平面布置图中需要标注叠合板编号、预制底板编号、各块预制底板尺寸和定位。当选用标准图集中的预制底板时，可选类型详见《桁架钢筋混凝土叠合板（60mm 厚底板）》（15G366-1），可直接在板块上标注标准图集中的底板编号，见表 14-4。

表 14-4 叠合板底板编号

叠合板底板类型	编号	示例
单向板	DBD××-×××××-×	DBD67-3324-2：表示单向受力叠合板用底板，预制底板厚度为 60mm，后浇叠合层厚度为 70mm，预制底板的标志跨度为 3300mm，预制底板的标志宽度为 2400mm，底板跨度方向配筋为$\Phi 8@150$
双向板	DBS×-××-×××-××	DBS1-67-3924-22：表示双向受力叠合板用底板，拼装位置为边板，预制底板厚度为 60mm，后浇叠合层厚度为 70mm，预制底板的标志跨度为 3900mm，预制底板的标志宽度为 2400mm，底板跨度方向、宽度方向配筋均为$\Phi 8@150$

3）叠合板的现浇层按《房屋建筑与装饰工程工程量计算规范》（GB 50854—2013）现浇混凝土板（010505）中"010505003 平板"列项；与叠合板相接触的结构梁，其一次浇注部分按单梁考虑，可套用现浇混凝土梁（010503）中"010503002 矩形梁"，二次浇注部分和现浇层合并，按现浇混凝土板（010505）中"010505003 平板"列项。

4）如果预制叠合板平面布置图中叠合板和叠合板之间有缝，则该缝应并入现浇层的工程量内，即与叠合板的现浇层合并列项为"010505003 平板"。

14.1.3 典型实例

【实例】叠合板工程量清单编制实例

某建筑采用装配式混凝土结构体系，二层 A~C/①~③轴线装配式叠合板平面布置图如图 14-7 所示，DBS1 构件平面图、剖面图如图 14-8 所示，层高 3.6m。预制叠合板厚度 60mm，混凝土采用 C30 预拌非泵送混凝土。所有构件均利用现场塔式起重机吊装。

14.1.3 【实例】叠合板工程量清单编制实例

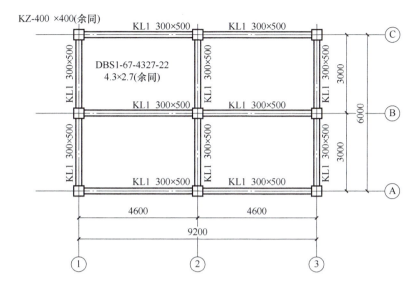

图 14-7　叠合板平面布置图

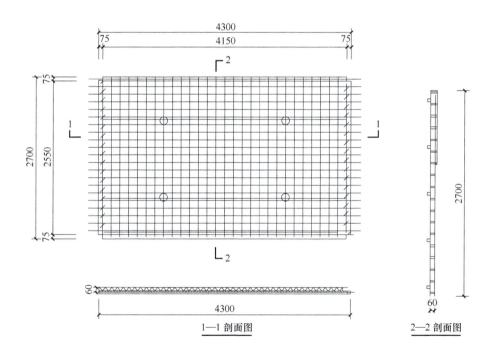

1—1 剖面图　　2—2 剖面图

图 14-8　DBS1 构件平面图、剖面图

根据以上背景资料及《建设工程工程量清单计价规范》(GB 50500—2013)、《房屋建筑与装饰工程工程量计算规范》(GB 50854—2013)，并根据江苏省住房和城乡建设厅发布的苏建价〔2017〕83 号文件要求，执行《江苏省装配式混凝土建筑工程定额（试行）》，计算叠合板、框架梁工程量并编制其工程量清单。

【分析与解答】

(1) 计算清单工程量

1) 装配式混凝土叠合板的体积。规则规定,按设计图示尺寸以体积计算,扣除空心板空心部分面积,不扣除构件内钢筋、预埋铁件所占体积。DBS1-67-4327-22 叠合板的外轮廓为 4.3m、2.7m,共有 4 块同规格预制板,因此装配式混凝土叠合板的工程量为 4.3m × 2.7m × 0.06m × 4 = 2.79m³。

2) 平板的混凝土体积。叠合板的后浇层和框架梁二次浇注部分合并按"平板"列项,按设计图示尺寸以体积计算,不扣除单个面积≤0.3m² 的柱、垛以及孔洞所占体积。该平板的外轮廓为 9.5m、6.3m,因此平板的混凝土工程量为 9.5m × 6.3m × 0.07m + 0.06m × 0.3m × (9.2×3 + 6×3)m = 4.19m³ + 0.82m³ = 5.01m³。

3) 框架梁 KL1 混凝土体积。框架梁的一次浇注部分按现浇混凝土梁的"矩形梁"列项,按设计图示尺寸以体积计算。伸入墙内的梁头、梁垫并入梁体积内。①、②、③、A、B、C 轴线上框架梁截面尺寸相同,可以合并计算。计算时梁长算至柱侧面,梁高扣去二次浇注的厚度。

①、②、③轴矩形梁混凝土工程量 V_1 = 0.3m × (0.5 − 0.13)m × (6 − 0.4×2)m × 3 = 1.73m³

A、B、C 轴矩形梁混凝土工程量 V_2 = 0.3m × (0.5 − 0.13)m × (9.2 − 0.4×2)m × 3 = 2.80m³

矩形梁清单工程量合计 $V_{矩形梁}$ = V_1 + V_2 = 1.73m³ + 2.80m³ = 4.53m³

(2) 编制分部分项工程项目清单 清单编制在表 14-5 已有正确列项的情况下,需按规范的相关规定,根据工程背景正确描述其项目特征。分部分项工程清单与计价见表 14-6。

表 14-5 清单工程量计算表(某叠合板工程)

序号	项目编码	项目名称	计算式	计量单位	工程量合计
1	010512902001	装配式混凝土叠合板	V = 4.3m × 2.7m × 0.06m × 4 = 2.79m³	m³	2.79
2	010505003001	平板	V = 9.5m × 6.3m × 0.07m + 0.06m × 0.3m × (9.2×3 + 6×3)m = 5.01m³	m³	5.01
3	010503002001	矩形梁	V = 0.3m × (0.5 − 0.13)m × (6 − 0.4×2)m × 3 + 0.3m × (0.5 − 0.13)m × (9.2 − 0.4×2)m × 3 = 4.53m²	m³	4.53

表 14-6 分部分项工程清单与计价表(某叠合板工程)

序号	项目编码	项目名称	项目特征描述	计量单位	工程量	综合单价	合价
1	010512902001	装配式混凝土叠合板	1. 板类型:非预应力板 2. 混凝土强度等级:C30	m³	2.79		

（续）

序号	项目编码	项目名称	项目特征描述	计量单位	工程量	综合单价	合价
2	010505003001	平板	1. 混凝土种类：预拌非泵送混凝土 2. 混凝土强度：C30	m³	5.01		
3	010503002001	矩形梁	1. 混凝土种类：预拌非泵送混凝土 2. 混凝土强度：C30		4.53		

【学习评价】

序号	评价内容	评价标准	评价结果			
			优秀	良好	合格	不合格
1	清单列项	能正确列出项目名称				
2	清单工程量计算	能正确计算叠合板、矩形梁、平板的清单工程量				
3	分部分项工程项目清单	能根据工程背景准确描述项目特征				
		能准确编制分部分项工程量清单				
4		能否进行下一步学习	□能		□否	

子任务 14.2　编制装配式内隔墙板工程清单

【任务目标】

1. 能正确描述装配式内隔墙板（也称为预制内隔墙板）的工程量计算规则。
2. 能正确计算装配式内隔墙板的工程量。
3. 培养学生精细管理、精益建造的职业态度和局部与整体相协同的系统思维。

【任务实施】

1. 分析学习难点

1）了解装配式内隔墙板的种类，能够识读装配式建筑墙板平面布置图及与其相关的结构施工图。

2）掌握装配式内隔墙板的工程量计算规则。

3）正确描述装配式内隔墙板的项目特征。

2. 条件需求与准备

1)《房屋建筑与装饰工程工程量计算规范》(GB 50854—2013)。

2) 某装配式建筑的建筑平面图及其结构施工图。

3) 其他相关的规范图集。

3. 操作时间安排

共计 2 课时,其中任务实操 1 课时,理论学习 1 课时。

4. 任务实操训练

识读电子资源附录一中某工程 1 号楼建筑施工图 02-一层平面图,某工程 1#结构施工图 03-地下室顶板至 3.040m 标高间墙、柱平面布置图及某工程 1#结构施工图 22-二层梁配筋图,根据《建设工程工程量清单计价规范》(GB 50500—2013)、《房屋建筑与装饰工程工程量计算规范》(GB 50854—2013),计算③轴线的预制内隔墙板清单工程量并编制其工程量清单。

(1) 分析与解题过程

1) 墙体厚度:

根据电子资源附录一中一层平面图,③轴线上预制内隔墙板的厚度 = _____ mm。

2) 墙体长度:

根据某工程 1#楼建筑施工图 02-一层平面图,某工程 1#结构施工图 03-地下室顶板至 3.040m 标高间墙、柱平面布置图,确定③轴线上预制内隔墙板的长度:

3) 墙体高度:

根据电子资源附录一中某工程 1#结构施工图 22-二层梁配筋图,墙体高度算至梁底,确定③轴线上预制内隔墙板的高度:

4) 扣除门窗等构件所占体积:

根据电子资源附录一中某工程 1#楼建筑施工图 02-一层平面图,③轴线上预制内隔墙板有 MD0922,应扣除门洞所占体积:

(2) 编制分部分项工程项目清单 填写清单工作量计算表(表14-7),根据工程背景准确描述其项目特征,依据《房屋建筑与装饰工程工程量计算规范》(GB 50854—2013)填写分部分项工程清单与计价表(表14-8)。

任务 14　编制装配式混凝土结构工程量清单

表 14-7　清单工程量计算表 2

序号	项目编码	项目名称	计算式	计量单位	工程量合计
1					

表 14-8　分部分项工程和单价措施项目清单与计价表 2

序号	项目编码	项目名称	项目特征描述	计量单位	工程量	综合单价	合价
1							

【知识链接】

14.2.1　清单项目设置

目前，预制内隔墙板没有完全适用的清单项目，根据项目经验，建议参照"010401008 填充墙"，其工程量清单项目设置、项目特征描述的内容、计量单位及工程量计算规则按表 14-9 的规定执行。

表 14-9　砖砌体（编码：010401）

项目编码	项目名称	项目特征描述	计量单位	工程量计算规则	工作内容
010401008	填充墙	1. 砖品种、规格、强度等级 2. 墙体类型 3. 填充材料种类及厚度 4. 砂浆强度等级、配合比	m³	按设计图示尺寸以填充墙外形体积计算	1. 砂浆制作、运输 2. 砌砖 3. 装填充料 4. 刮缝 5. 材料运输

14.2.2　清单项目解读

预制内隔墙是指在预制厂或加工厂制成供建筑装配用的混凝土板型构件，可以提高工厂化、机械化施工程度，减少现场湿作业，节约现场用工，克服季节影响，缩短建筑施工周期。预制内隔墙在工程预制时可以预埋管线，减少现场二次开槽，降低现场工作量。推广采用绿色材料 ALC 板（图 14-9）或蒸压陶粒混凝土板，这两种板自重轻、相对密度小，板材长度可达 6m，加工方便，可适应较高空间的墙体，但不宜作为重物直接支撑或吊挂的部位。

预制内隔墙有时也可使用相对密度大、强度高的轻质陶粒混凝土板（图 14-10），长度一般在 2.4～3.2m，高度不足时可在下部增加混凝土反坎。轻质陶粒混凝土板可用于卫生间等潮湿部位。

建筑平面墙体中一般会有门、窗等开洞，在设计中确定门边、窗间、洞口之间等墙体尺寸时，应考虑填充墙成品板材的模数尺寸，尽可能采用板材宽度尺寸的倍数，避免安装过程中进行裁板，造成材料浪费和人工增加，一般成品板材宽度尺寸为 600mm，如图 14-11 所示。

图 14-9 轻质蒸压加气混凝土板（ALC 板）

图 14-10 轻质陶粒混凝土板

图 14-11 板材模数化及板材安装效果

14.2.3 典型实例

【实例】装配式内隔墙板工程量清单编制实例

某建筑采用装配式混凝土结构体系，其二层层高为 3.5m，B~C/①~③轴线的墙体平面布置图和三层梁平面布置图如图 14-12 所示，墙厚均为 200mm，①、③和 B 轴上的外墙由现浇混凝土墙体组成，B 轴与②轴上内墙板由蒸压轻质加气混凝土墙板（ALC 板）组成，强度等级为 A5.0，密度等级为 B06。

根据以上背景资料及《建设工程工程量清单计价规范》（GB 50500—2013）、《房屋建筑与装饰工程工程量计算规范》（GB 50854—2013），试计算预制内隔墙板工程量及编制其工程量清单。

14.2.3 【实例】装配式内隔墙板工程量清单编制

【分析与解答】

（1）计算工程量清单 预制内隔墙板以 m^3 计量，计算规则为按成品构件设计图示尺寸以体积计算。

② 轴线上，墙体长度取净长：6.2m - 0.3m×2 = 5.6m；墙体上有框架梁，墙体高度算至梁底：3.5m - 0.5m = 3m。

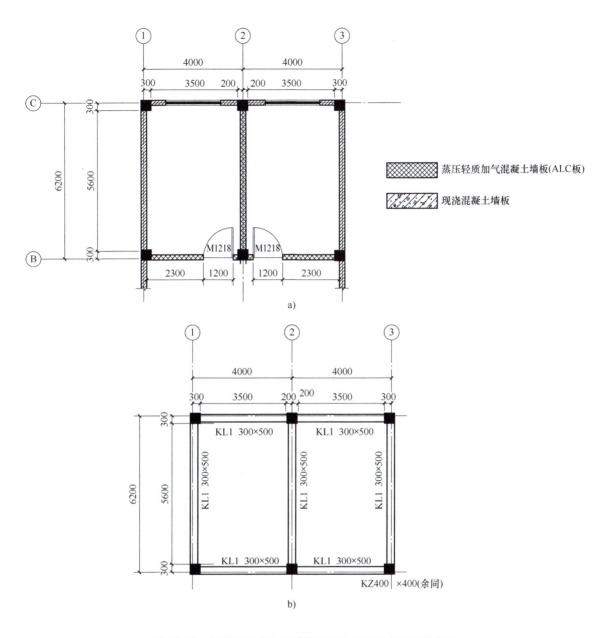

图 14-12 某装配式建筑的墙体平面布置图及其结构施工图
a) 二层墙体平面布置图 b) 三层梁平面布置图

B 轴线上,墙体长度取净长:8m - 0.3m - 0.4m - 0.3m = 7m;墙体上有框架梁,墙体高度算至梁底:3.5m - 0.5m = 3m;墙体上有 M1218,应扣除门洞的体积:1.2m × 1.8m × 0.2m × 2 = 0.864m³。

(2) 编制分部分项项目清单 清单编制在表 14-10 已有正确列项的情况下,根据工程背景正确描述其项目特征。分部分项工程清单与计价见表 14-11。

表 14-10 清单工程量计算表（预制内隔墙板工程）

序号	项目编码	项目名称	计算式	计量单位	工程量合计
1	010401008001	填充墙	②轴线上：$V = 0.2\text{m} \times (3.5 - 0.5)\text{m} \times (6.2 - 0.3 \times 2)\text{m} = 3.36\text{m}^3$ B 轴线上：$0.2\text{m} \times (3.5 - 0.5)\text{m} \times (8 - 0.3 - 0.4 - 0.3)\text{m} - 1.2\text{m} \times 1.8\text{m} \times 0.2\text{m} \times 2 = 3.336\text{m}^3$ 小计：$3.36\text{m}^3 + 3.336\text{m}^3 = 6.70\text{m}^3$	m³	6.70

表 14-11 分部分项工程清单与计价表（预制内隔墙板工程）

序号	项目编码	项目名称	项目特征描述	计量单位	工程量	综合单价	合价
1	010401008001	填充墙	1. 构件类型、规格：蒸压轻质加气混凝土墙板（ALC 板），墙体厚度 200mm 2. 强度等级：A5.0 3. 密度等级：B06	m³	6.70		

【学习评价】

序号	评价内容	评价标准	评价结果			
			优秀	良好	合格	不合格
1	清单列项	能正确列出项目名称				
2	清单工程量计算	能正确计算预制内隔墙板的工程量				
3	分部分项工程项目清单	能根据工程背景准确描述项目特征				
		能编制项目的工程量清单				
4		能否进行下一步学习	□能		□否	

子任务 14.3　编制装配式预制楼梯工程清单

【任务目标】

1. 能正确描述装配式预制楼梯的清单工程量计算规则。
2. 能正确计算装配式预制楼梯的清单工程量。
3. 培养精益求精的工匠精神和互助合作的职业态度。

【任务实施】

1. 分析学习难点
1）正确识读装配式预制楼梯的三维尺寸，包括梯段板的厚度、踏步的宽度和高度，楼梯埋件布置图、支座安装节点大样图。
2）掌握装配式预制楼梯的清单工程量计算规则。

2. 条件需求与准备
1）《房屋建筑与装饰工程工程量计算规范》（GB 50854—2013）。
2）《江苏省装配式混凝土建筑工程定额（试行）》。
3）某装配式预制混凝土楼梯平面图、剖面图和剖面详图等结构施工图。
4）其他相关的规范图集。

3. 操作时间安排
共计 4 课时，其中任务实操 2 课时，理论学习 2 课时。

4. 任务实操训练
识读电子资源附录一中 1 号房屋装配式结构深化 06-1 号装配楼梯详图，依据《建设工程工程量清单计价规范》（GB 50500—2013）、《房屋建筑与装饰工程工程量计算规范》（GB 50854—2013），并根据江苏省住房和城乡建设厅发布的苏建价〔2017〕83 号文件要求，执行《江苏省装配式混凝土建筑工程定额（试行）》，计算该装配式混凝土楼梯二至四层的清单工程量，并编制工程量清单。

1 号房屋装配式结构深化 06-1 号装配楼梯详图

（1）分析与解答

1）该项目采用的是_____（单跑、双跑）楼梯，在第____层采用现浇钢筋混凝土楼梯，在第____层采用装配式钢筋混凝土楼梯。

2）装配式楼梯的编号为_____，单个梯段楼梯的级数为____级，踏步的尺寸为（宽度×高度，单位 mm）_____。梯段板的厚度为____ mm。

3）预制楼梯的混凝土强度等级为____。

4）计算单个梯段装配式混凝土楼梯的体积：

（2）编制分部分项工程项目清单　填写清单工程量计算表（表 4-12），根据工程背景正确描述其项目特征，依据《房屋建筑与装饰工程工程量计算规范》（GB 50854—2013）、《江苏省装配式混凝土建筑工程定额（试行）》填写分部分项工程清单与计价表（表 14-13）。

表 14-12　清单工程量计算表 3

序号	项目编码	项目名称	计算式	计量单位	工程量合计
1					

表 14-13 分部分项工程和单价措施项目清单与计价表 3

序号	项目编码	项目名称	项目特征描述	计量单位	工程量	综合单价	合价
1							

【知识链接】

14.3.1 清单项目设置

装配式混凝土楼梯工程量清单应按《江苏省装配式混凝土建筑工程定额（试行）》附录二的规定执行，见表 14-14。

表 14-14 装配式混凝土楼梯工程量清单

项目编码	项目名称	项目特征描述	计量单位	工程量计算规则	工作内容
010513901	装配式混凝土楼梯	混凝土强度等级	m³	按设计图示尺寸以体积计算，不扣除构件内钢筋、预埋铁件所占体积	1. 构件购入与运输 2. 构件吊装、固定 3. 支撑安拆

14.3.2 清单项目解读

1. 预制楼梯的组成和施工流程

预制楼梯是将楼梯分成休息板、楼梯梁、楼梯段三个部分，将构件在加工厂或施工现场预制；施工时将预制构件进行装配、焊接。预制楼梯根据构件尺度不同分为小型构件装配式楼梯、中型构件装配式楼梯和大型构件装配式楼梯三类。小型构件装配式楼梯的主要特点是构件小且轻，易制作，但施工繁且慢，湿作业多，耗费人力，适用于施工条件较差的地区；中型构件装配式楼梯一般以楼梯段和平台各作为一个构件装配而成；大型构件装配式楼梯是将楼梯梁平台预制成一个构件，断面可做成板式或空心板式、双梁槽板式或单梁式，这种楼梯主要用于工业化程度高的大型装配式建筑中，或用于建筑平面设计和结构布置有特别需要的场所。预制梯段如图 14-13 所示。预制楼梯与支撑构件之间宜采用一端为固定铰支座连接、一端滑动铰支座连接的方式，如图 14-14 和图 14-15 所示。

图 14-13 预制梯段

预制楼梯的施工流程为：定位放线→清理安装面→设置垫片→铺设砂浆→安装休息平台板→安装楼梯段→楼梯端支座固定（焊接、灌缝）。

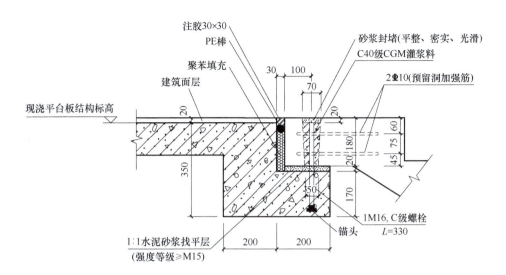

图 14-14　某预制楼梯固定铰支座安装节点大样图

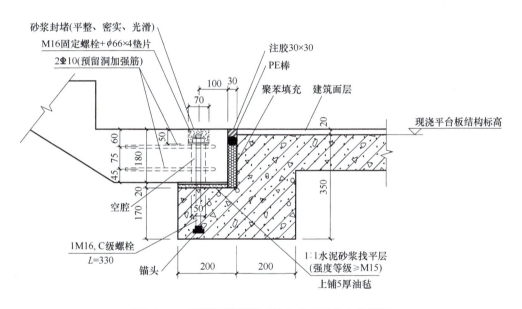

图 14-15　某预制楼梯滑动铰支座安装节点大样图

2. 预制钢筋混凝土板式楼梯的规格及编号

1）双跑楼梯：ST—××—××（楼梯类型 层高 楼梯间净宽）

2）剪刀楼梯：JT—××—××（楼梯类型 层高 楼梯间净宽）

【实例1】ST-28-25 表示双跑楼梯，建筑层高 2.8m、楼梯间净宽 2.5m 所对应的预制混凝土板式双跑楼梯梯段板。

【实例2】JT-28-25 表示剪刀楼梯，建筑层高 2.8m、楼梯间净宽 2.5m 所对应的预制混凝土板式剪刀楼梯梯段板。

221

14.3.3 典型实例

【实例】装配式预制楼梯工程量清单编制实例

某装配式预制楼梯平面布置图如图 14-16a 所示，1—1 断面图如图 14-16b 所示，楼梯上下部销键预留洞均为 φ50mm，上下固定铰端均由 C 级螺栓锚固，灌缝材质为水泥基浆料，装配式预制楼梯混凝土强度等级为 C30，利用现场塔式起重机吊装就位。计算图示楼梯清单工程量并编制其工程量清单。

14.3.3 【实例】装配式预制楼梯工程量清单编制

【分析与解答】

楼梯以 m^3 计量，计算规则为按成品构件设计图示尺寸以体积计算，不扣除构件内钢筋、预埋铁件、配管、套管、线盒及单个面积 $\leq 0.3m^2$ 的孔洞、线箱等所占体积，构件外露钢筋体积也不再增加。可将楼梯 1—1 断面图添加辅助线，如图 14-17 所示。

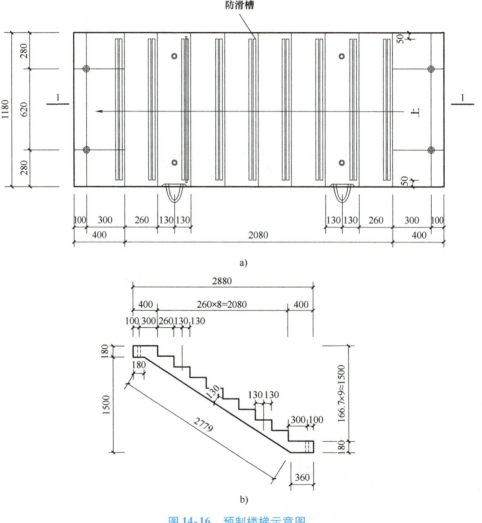

图 14-16 预制楼梯示意图
a) 预制楼梯平面布置图 b) 1—1 断面图

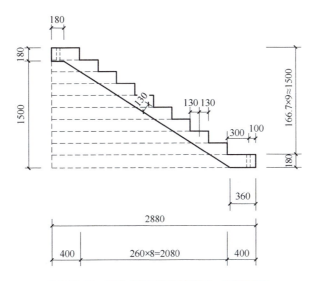

图 14-17　添加辅助线的楼梯 1—1 断面图

每一阶矩形面积（自下而上）：
$S_1 = [(0.4 + 2.08 + 0.4) \times 0.18] m^2 = 0.52 m^2$
$S_2 = [(0.4 + 2.08) \times 0.167] m^2 = 0.41 m^2$
$S_3 = [(0.4 + 2.08 - 0.26) \times 0.167] m^2 = 0.37 m^2$
$S_4 = [(0.4 + 2.08 - 0.26 \times 2) \times 0.167] m^2 = 0.33 m^2$
$S_5 = [(0.4 + 2.08 - 0.26 \times 3) \times 0.167] m^2 = 0.28 m^2$
$S_6 = [(0.4 + 2.08 - 0.26 \times 4) \times 0.167] m^2 = 0.24 m^2$
$S_7 = [(0.4 + 2.08 - 0.26 \times 5) \times 0.167] m^2 = 0.20 m^2$
$S_8 = [(0.4 + 2.08 - 0.26 \times 6) \times 0.167] m^2 = 0.15 m^2$
$S_9 = [(0.4 + 2.08 - 0.26 \times 7) \times 0.167] m^2 = 0.11 m^2$
$S_{10} = (0.4 \times 0.167) m^2 = 0.07 m^2$

每一阶矩形面积之和小计：
$S = (0.52 + 0.41 + 0.37 + 0.33 + 0.28 + 0.24 + 0.20 + 0.15 + 0.11 + 0.07) m^2 = 2.68 m^2$
左下角梯形面积：$S = [(0.18 + 2.88 - 0.36) \times 1.5/2] m^2 = 2.03 m^2$
楼梯侧面面积：$S = 2.68 m^2 - 2.03 m^2 = 0.65 m^2$
预制楼梯工程量小计：$V = 0.65 m^2 \times 1.18 m = 0.77 m^3$
其工程量清单见表 14-15。

表 14-15　预制楼梯工程量清单

序号	项目编码	项目名称	项目特征描述	计量单位	工程量	综合单价	合价
1	010513901001	装配式混凝土楼梯	混凝土强度等级：C30	m^3	0.77		

【学习评价】

序号	评价内容	评价标准	评价结果			
			优秀	良好	合格	不合格
1	清单列项	能正确列出项目名称				
2	清单工程量计算	能正确计算装配式混凝土楼梯的工程量				
3	分部分项工程项目清单	能根据工程背景准确描述项目特征				
		能编制装配式混凝土楼梯的工程量清单				
4		能否进行下一步学习	□能		□否	

任务 15

编制措施项目工程量清单

【任务背景】

措施项目是指为完成工程项目施工，发生于该工程施工准备和施工过程中的技术、生活、安全、环境保护等方面的项目。措施项目可以分为单价措施项目和总价措施项目两大类。单价措施项目是指清单中可以用"工程数量×综合单价"计价的项目，单价措施项目有明确的工程量计算规则，可以计算出相应的工程量，如模板、脚手架、垂直运输机械等项目。总价措施项目是指工程量清单中以总价（或"计算基础×费率"）计价的项目，此类项目在现行国家工程量计算规范中无工程量计算规则，不能计算工程量，如安全文明施工费、夜间施工增加费等。

与分部分项工程的工程量清单相似，一个工程所涉及的措施项目也只是《房屋建筑与装饰工程工程量计算规范》（GB 50854—2013）所列措施项目清单内容的一部分，即措施项目清单应根据拟建工程的实际情况列项。本任务主要介绍措施项目工程量清单的编制。

【任务目标】

1. 能正确描述脚手架、模板、垂直运输机械等单价措施项目的工程量计算规则。
2. 能正确描述总价措施项目的组成内容，会依据图纸、规范、常规施工方案进行总价措施项目的正确列项。
3. 能按照常规施工方案正确选择垂直运输机械，并能按照工期定额确定其清单工程量。
4. 培养学生整体与局部、一般与特殊的辩证思维，践行"生命至上、安全第一"的发展理念。

【任务实施】

包括单价措施项目、总价措施项目的清单编制等工作任务。

编制单价措施项目的工程量清单
↓
编制总价措施项目的工程量清单

1. 分析学习难点

1）理解脚手架、模板的类型及其清单工程量计算规则。
2）能够按照常规施工方案正确选择垂直运输机械。
3）有梁板模板、垂直运输机械的清单工程量计算。

2. 条件需求与准备

1）《房屋建筑与装饰工程工程量计算规范》（GB 50854—2013），《建筑安装工程工期定额》（TY01-89—2016）。
2）某工程的建筑及结构施工图。
3）其他相关的规范图集。

3. 操作时间安排

共计 6 课时，其中任务实操 3 课时，理论学习 3 课时。

4. 任务实操训练

（1）任务下达　识读电子资源附录一中某工程 1 号楼建筑及结构施工图。编制：第三层⑮~⑱轴、F~L 轴围成的区域范围内剪力墙、有梁板模板的工程量清单；垂直运输机械的工程量清单；大型机械进出场的工程量清单；安全文明施工措施费［考虑基本费、省级标化增加费（按省级一星级文明工地计费）和扬尘污染防治增加费］、临时设施费等总价措施项目的清单。

（2）分析与解题过程

1）清单工程量计算。

① 计算第三层⑮~⑱轴、F~L 轴围成的区域范围内剪力墙、有梁板模板的清单工程量。

② 计算垂直运输机械的清单工程量。

③ 写出大型机械进出场及安拆清单项目的计量单位并给出其清单工程量。

④ 分析总价措施项目"安全文明施工费"的内容并按规范描述其"计算基础"及各组成内容对应的费率。

2）编制分部分项工程项目清单。填写清单工程量计算表（表 15-1），根据工程背景准确描述其项目特征，依据《房屋建筑与装饰工程工程量计算规范》（GB 50854—2013）填写措施项目清单与计价表（表 15-2 和表 15-3）。

表 15-1　清单工程量计算表

序号	项目编码	项目名称	计算式	计量单位	工程量合计

表 15-2　单价措施项目清单与计价表

序号	项目编码	项目名称	项目特征描述	计量单位	工程量	综合单价	合价
1							
2							
3							

表 15-3　总价措施项目清单与计价表

序号	项目编码	项目名称	计算基础	费率	金额	备注
1						
2						
3						
4						
5						

【知识链接】

15.1　单价措施项目

1. 脚手架工程

（1）清单项目设置　脚手架工程工程量清单项目设置、项目特征描述的内容、计量单位及工程量计算规则应按表15-4的规定执行。

表 15-4　脚手架工程（编码：011701）

项目编码	项目名称	项目特征描述	计量单位	工程量计算规则	工作内容
011701001	综合脚手架	1. 建筑结构形式 2. 檐口高度	m²	按建筑面积计算	1. 场内、场外材料搬运 2. 搭、拆脚手架、斜道、上料平台 3. 安全网的铺设 4. 选择附墙点与主体连接 5. 测试电动装置、安全锁等 6. 拆除脚手架后材料的堆放

228

（续）

项目编码	项目名称	项目特征描述	计量单位	工程量计算规则	工作内容
011701002	外脚手架	1. 搭设方式 2. 搭设高度 3. 脚手架材质	m²	按所服务对象的垂直投影面积计算	1. 场内、场外材料搬运 2. 搭、拆脚手架、斜道、上料平台 3. 安全网的铺设 4. 拆除脚手架后材料的堆放
011701003	里脚手架				
011701004	悬空脚手架	1. 搭设方式 2. 悬挑宽度 3. 脚手架材质		按搭设的水平投影面积计算	
011701005	挑脚手架		m	按搭设长度乘以搭设层数以延长米计算	
011701006	满堂脚手架	1. 搭设方式 2. 搭设高度 3. 脚手架材质		按搭设的水平投影面积计算	
011701007	整体提升架	1. 搭设方式及启动装置 2. 搭设高度	m²	按所服务对象的垂直投影面积计算	1. 场内、场外材料搬运 2. 选择附墙点与主体连接 3. 搭、拆脚手架、斜道、上料平台 4. 安全网的铺设 5. 测试电动装置、安全锁等 6. 拆除脚手架后材料的堆放
011701008	外装饰吊篮	1. 升降方式及启动装置 2. 搭设高度及吊篮型号			1. 场内、场外材料搬运 2. 吊篮的安装 3. 测试电动装置、安全锁、平衡控制器等 4. 吊篮的拆卸

（2）清单项目解读

1）脚手架分为综合脚手架和单项脚手架两大类。综合脚手架适用于能够按"建筑面积计算规则"计算建筑面积的建筑工程脚手架，不适用于房屋加层、构筑物及附属工程脚手架。使用综合脚手架时，不再使用外脚手架、里脚手架等单项脚手架。

2）同一建筑物有不同檐高时，按建筑物竖向切面分别按不同檐高编列清单项目。

3）整体提升架已包括2m高的防护架体设施。

4）建筑面积计算按《建筑工程建筑面积计算规范》（GB/T 50353—2013）执行，参见任务16。

5）脚手架材质可以不描述，但应注明由投标人根据工程实际情况按照《建筑施工扣件式钢管脚手架安全技术规范》（JGJ 130—2011）、《建筑施工附着升降脚手架管理暂行规定》等规范自行确定。

6）计算各种单项脚手架时，均不扣除门窗洞口、空圈所占面积。

2. 混凝土模板及支架（撑）

（1）清单项目设置　混凝土模板及支架（撑）工程量清单项目设置、项目特征描述的内容、计量单位及工程量计算规则应按表15-5的规定执行。

表15-5　混凝土模板及支架（撑）（编码：011702）

项目编码	项目名称	项目特征描述	计量单位	工程量计算规则	工作内容
011702001	基础	基础类型	m²	按模板与现浇混凝土构件的接触面积计算 1. 现浇钢筋混凝土墙、板单孔面积≤0.3m²的孔洞不予扣除，洞侧壁模板也不增加；单孔面积＞0.3m²时应予扣除，洞侧壁模板面积并入墙、板工程量内计算 2. 现浇框架分别按梁、板、柱有关规定计算；附墙柱、暗梁、暗柱并入墙内工程量内计算 3. 柱、梁、墙、板相互连接的重叠部分，均不计算模板面积 4. 构造柱按图示外露部分计算模板面积	1. 模板制作 2. 模板安装、拆除、整理堆放及场内外运输 3. 清理模板粘结物及模内杂物、刷隔离剂等
011702002	矩形柱				
011702003	构造柱				
011702004	异形柱	柱截面形状			
011702005	基础梁	梁截面形状			
011702006	矩形梁	支撑高度			
011702007	异形梁	1. 梁截面尺寸 2. 支撑高度			
011702008	圈梁				
011702009	过梁				
011702010	弧形、拱形梁	1. 梁截面形状 2. 支撑高度			
011702011	直形墙				
011702012	弧形墙				
011702013	短肢剪力墙、电梯井壁				
011702014	有梁板	支撑高度			
011702015	无梁板				
011702016	平板				
011702017	拱板				
011702018	薄壳板				
011702019	空心板				
011702020	其他板				
011702021	栏板				
011702022	天沟、檐沟	构件类型		按模板与现浇混凝土构件的接触面积计算	
011702023	雨篷、悬挑板、阳台板	1. 构件类型 2. 板厚度		按图示外挑部分尺寸的水平投影面积计算，挑出墙外的悬臂梁及板边不另计算	
011702024	楼梯	类型		按楼梯（包括休息平台、平台梁、斜梁和楼层板的连接梁）的水平投影面积计算，不扣除宽度≤500mm的楼梯井所占面积，楼梯踏步、踏步板、平台梁等侧面模板不另计算，伸入墙内部分也不增加	
011702025	其他现浇构件	构件类型		按模板与现浇混凝土构件的接触面积计算	

（续）

项目编码	项目名称	项目特征描述	计量单位	工程量计算规则	工作内容
011702026	电缆沟、地沟	1. 沟类型 2. 沟截面	m²	按模板与电缆沟、地沟接触的面积计算	1. 模板制作 2. 模板安装、拆除、整理堆放及场内外运输 3. 清理模板粘结物及模内杂物、刷隔离剂等
011702027	台阶	台阶踏步宽		按图示台阶水平投影面积计算，台阶端头两侧不另计算模板面积。架空式混凝土台阶，按现浇楼梯计算	
011702028	扶手	扶手断面尺寸		按模板与扶手的接触面积计算	
011702029	散水			按模板与散水的接触面积计算	
011702030	后浇带	后浇带部位		按模板与后浇带的接触面积计算	
011702031	化粪池	1. 化粪池部位 2. 化粪池规格		按模板与混凝土接触面积计算	
011702032	检查井	1. 检查井部位 2. 检查井规格			

（2）清单项目解读

1）原槽浇灌的混凝土基础、垫层，不计算模板工程量。

2）混凝土模板及支撑（架）项目，只适用于以平方米计量，按模板与混凝土构件的接触面积计算，以"立方米"计量，模板及支撑（支架）不再单列，按混凝土及钢筋混凝土实体项目执行，综合单价中应包含模板及支架。

3）采用清水模板时，应在特征中注明。

4）若现浇混凝土梁、板支撑高度超过 3.6m 时，项目特征应描述支撑高度。

5）后浇混凝土清单中包含后浇混凝土对应的模板，不再单列措施项目清单。

3. 垂直运输

（1）清单项目设置　垂直运输工程量清单项目设置、项目特征描述的内容、计量单位、工程量计算规则应按表 15-6 的规定执行。

表 15-6　垂直运输（011703）

项目编码	项目名称	项目特征描述	计量单位	工程量计算规则	工作内容
011703001	垂直运输	1. 建筑物建筑类型及结构形式 2. 地下室建筑面积 3. 建筑物檐口高度、层数	1. m² 2. 天	1. 按建筑面积计算 2. 按施工工期日历天数计算	1. 垂直运输机械的固定装置、基础制作、安装 2. 行走式垂直运输机械轨道的铺设、拆除、摊销

(2) 清单项目解读

1) 建筑物的檐口高度是指设计室外地坪至檐口滴水的高度（平屋顶是指屋面板底高度），凸出主体建筑物屋顶的电梯机房、楼梯出口间、水箱间、瞭望塔、排烟机房等不计入檐口高度。檐口高度3.6m以内的建筑物，不计算垂直运输。

2) 垂直运输指施工工程在合理工期内所需垂直运输机械。

3) 同一建筑物有不同檐高时，按建筑物的不同檐高做纵向分割，分别计算建筑面积，以不同檐高分别编码列项。

4) 垂直运输工程量采用"天"为计量单位时，"施工工期日历天数"按工期定额，即根据工程的结构形式，按照《建筑安装工程工期定额》（TY01-89—2016）并结合江苏省的定额工期的地区调整系数（苏建价〔2016〕740号）确定垂直运输清单工程量。

4. 超高施工增加

（1）清单项目设置　超高施工增加工程量清单项目设置、项目特征描述的内容、计量单位及工程量计算规则应按表15-7的规定执行。

表15-7　超高施工增加（011704）

项目编码	项目名称	项目特征描述	计量单位	计算规则	工作内容
011704001	超高施工增加	1. 建筑物建筑类型及结构形式 2. 建筑物檐口高度、层数 3. 单层建筑物檐口高度超过20m，多层建筑物超过6层部分的建筑面积	m²	按建筑物超高部分的建筑面积计算	1. 建筑物超高引起的人工工效降低以及由于人工工效降低引起的机械降效 2. 高层施工用水加压水泵的安装、拆除及工作台班 3. 通信联络设备的使用及摊销

（2）清单项目解读

1) 单层建筑物檐口高度超过20m，多层建筑物超过6层时，可按超高部分的建筑面积计算超高施工增加。计算层数时，地下室不计入层数。

2) 同一建筑物有不同檐高时，可按不同高度的建筑面积分别计算建筑面积，以不同檐高分别编码列项。

5. 大型机械设备进出场及安拆

（1）清单项目设置　大型机械设备进出场及安拆工程量清单项目设置、项目特征描述的内容、计量单位及工程量计算规则应按表15-8的规定执行。

（2）清单项目解读　大型机械设备常见的有：履带式推土机、履带式挖掘机、打桩机械、静力压桩机械、灌注桩的施工机械、塔式起重机等。这些机械进出项目施工现场都要使用大型卡车等车辆进行装载运输。其中的一些机械如打桩机械、塔式起重机等在开展工作前要进行现场安装，工作结束时要将其进行拆卸再出场。

表15-8 大型机械设备进出场及安拆（011705）

项目编码	项目名称	项目特征描述	计量单位	工程量计算规则	工作内容
011705001	大型机械设备进出场及安拆	1. 机械设备的名称 2. 机械设备规格型号（项目特征可不描述、具体的机械名称及型号，一般由投标人在投标文件中拟定）	台次	按使用机械设备的数量计算	1. 安拆费包括施工机械、设备在现场进行安装拆卸所需人工、材料、机械和试运转费用以及机械辅助设施的折旧、搭设、拆除等费用 2. 进出场费包括施工机械、设备整体或分体自停放地点运至施工现场或由一施工地点运至另一施工地点所发生的运输、装卸、辅助材料等费用

6. 施工排水、降水

（1）清单项目设置 施工排水、降水工程量清单项目设置、项目特征描述的内容、计量单位及工程量计算规则应按表15-9的规定执行。

表15-9 施工排水、降水（011706）

项目编码	项目名称	项目特征描述	计量单位	工程量计算规则	工作内容
011706001	成井	1. 成井方式 2. 地层情况 3. 成井直径 4. 井（滤）管类型、直径	m	按设计图示尺寸以钻孔深度确定	1. 准备钻孔机械、埋设护筒、钻机就位；泥浆制作、固壁；成孔、出渣、清孔等 2. 对接上、下井管（滤管），焊接、安放、下滤料、洗井，连接试抽等
011706002	排水、降水	1. 机械规格型号 2. 降排水管规格	昼夜	按排水、降水日历天数计算	1. 管道安装、拆除、场内搬运等 2. 抽水、值班、降水设备维修等

（2）清单项目解读

1）施工排水、降水的相应专项设计不具备时，可按暂估量计算。

2）施工排水费用是指为保证工程在正常条件下施工，所采取的排水措施所发生的费用。

3）施工降水费用是指为保证工程在正常条件下施工，所采取的降低地下水位的措施所发生的费用。

15.2 总价措施项目

1. 清单项目设置

总价措施项目工程量清单项目设置、计量单位、工作内容及包含范围应按表15-10的规定执行。该项目规范没有给出工程量计算规则，属于总价措施项目，总价措施项目费＝计算基础（分部分项工程费＋单价措施项目费－除税工程设备费）×费率。费率按《江苏省建设工程费用定额》及江苏省住房和城乡建设厅关于《建设工程费用定额》"营改增"后的系列调整内容执行。

表15-10　安全文明施工及其他措施项目（011707）

项目编码	项目名称	工作内容及包含范围
011707001	安全文明施工（含环境保护、文明施工、安全施工、绿色施工）	1. 环境保护：现场施工机械设备降低噪声、防扰民措施费用；水泥和其他易飞扬细颗粒建筑材料密闭存放或采取覆盖措施等费用；工程防扬尘洒水费用；土石方、建渣外运车辆冲洗、防洒漏等费用；现场污染源的控制、生活垃圾清理外运、场地排水排污措施费用；其他环境保护措施费用 2. 文明施工："五牌一图"的费用；现场围挡的墙面美化（包括内外粉刷、刷白、标语等）、压顶装饰费用；现场厕所便槽刷白、贴面砖，水泥砂浆地面或地砖费用，建筑物内临时便溺设施费用；其他施工现场临时设施的装饰装修、美化措施费用；现场生活卫生设施费用；符合卫生要求的饮水设备、淋浴、消毒等设施费用；生活用洁净燃料费用；防煤气中毒、防蚊虫叮咬等措施费用；施工现场操作场地的硬化费用；现场绿化费用、治安综合治理费用、现场监控设备费用；现场配备医药保健器材、物品费用和急救人员培训费用；用于现场工人的防暑降温费、电风扇、空调等设备及用电费；其他文明施工措施费用 3. 安全施工：安全资料、特殊作业专项方案的编制，安全施工标志的购置及安全宣传的费用；"三宝"（安全帽、安全带、安全网）、"四口"（楼梯口、电梯井口、通道口、预留洞口），"五临边"（阳台围边、楼板围边、屋面围边、槽坑围边、卸料平台两侧），水平防护架、垂直防护架、外架封闭等防护的费用；施工安全用电，包括配电箱三级配电、两级保护装置要求、外电防护措施；起重机、塔式起重机等起重设备（含井架、门架）及外用电梯的安全防护措施（含警示标志）费用及卸料平台的临边防护、层间安全门、防护棚等设施费用；建筑工地起重机械的检验检测费用；施工机具防护棚及其围栏的安全保护设施费用；施工安全防护通道费用；工人的安全防护用品、用具购置费用；消防设施与消防器材的配置费用；电气保护、安全照明设施费；其他安全防护措施费用 4. 绿色施工：建筑垃圾分类收集及回收利用费用；夜间焊接作业及大型照明灯具的挡光措施费用；施工现场办公区、生活区使用节水器具及节能灯具增加费用；施工现场降水储存使用、雨水收集系统、冲洗设备用水回收利用设施增加费用；施工现场生活区厕所化粪池、厨房隔油池设置及清理费用；从事有毒、有害、有刺激性气味和强光、噪声施工人员的防护器具费用；现场危险设备、地段、有毒物品存放地安全标识和防护措施费用；厕所、卫生设施、排水沟、阴暗潮湿地带定期消毒费用；保障现场施工人员劳动强度和工作时间符合现行国家标准《体力劳动强度分级》（GB 3869）的增加费用等。

(续)

项目编码	项目名称	工作内容及包含范围
011707002	夜间施工	1. 夜间固定照明灯具和临时可移动照明灯具的设置、拆除 2. 夜间施工时，施工现场交通标志、安全标牌、警示灯等的设置、移动、拆除 3. 包括夜间照明设备及照明用电、施工人员夜班补助、夜间施工劳动效率降低等
011707003	非夜间施工照明	为保证工程施工正常进行，在地下室等特殊施工部位施工时所采用的照明设备的安拆、维护、摊销及照明用电等
011707004	二次搬运	由于施工场地条件限制而发生的材料、成品、半成品等一次运输不能到达堆放地点，必须进行的二次或多次搬运
011707005	冬雨季施工	1. 冬雨（风）季施工时增加的临时设施（防寒保温、防雨、防风设施）的搭设、拆除 2. 冬雨（风）季施工时，对砌体、混凝土等采用的特殊加温、保温和养护措施 3. 冬雨（风）季施工时，施工现场的防滑处理、对影响施工的雨雪的清除 4. 包括冬雨（风）季施工时增加的临时设施、施工人员的劳动保护用品、冬雨（风）季施工劳动效率降低等
011707006	地上、地下设施、建筑物的临时保护设施	在工程施工过程中，对已建成的地上、地下设施和建筑物进行的遮盖、封闭、隔离等必要保护措施
011707007	已完工程及设备保护	对已完工程及设备采取的覆盖、包裹、封闭、隔离等必要保护措施
011707008	临时设施	临时设施包括施工所必须搭设的生活和生产用的临时建筑物、构筑物和其他临时设施的费用等。包括施工现场临时宿舍、文化福利及公用事业房屋与构筑物、仓库、办公室、加工场、工地实验室以及规定范围内的道路、水、电、管线等临时设施和小型临时设施等的搭设、维修、拆除、周转或摊销等费用 规定范围内是指建筑物沿边起50m以内，多幢建筑两幢间隔50m内
011707009	赶工措施	施工合同约定工期比本省现行工期定额提前，施工企业为缩短工期所发生的费用
011707010	工程按质论价	施工合同约定质量标准超过国家规定，施工企业完成工程质量达到经有关部门鉴定或评定为优质工程（包括优质结构工程）所必须增加的施工成本费
011707011	住宅分户验收	按《住宅工程质量分户验收规程》（DGJ32/T J103—2010）的要求对住宅工程进行专门验收（包括蓄水、门窗淋水等）发生的费用。不包括室内空气污染测试费用

2. 清单项目解读

安全文明施工费是指工程施工期间按照国家现行的环境保护、绿色施工、建筑施工安全、施工现场环境与卫生标准和有关规定，购置和更新施工安全防护用具及设施、改善安全生产条件和作业环境所需要的费用。

安全文明施工费用包括基本费、标化工地增加费、扬尘污染防治增加费三部分费用。

安全文明施工费中的省级标化工地增加费按不同星级计列，分为一星、二星、三星共三个星级。

扬尘污染防治增加费用于采取移动式降尘喷头、喷淋降尘系统、雾炮机、围墙绿植、环境监测智能化系统等环境保护措施所发生的费用。

15.3 典型实例

【实例 1】混凝土模板工程量清单编制实例

某现浇钢筋混凝土框架结构建筑物第二层梁板结构示意图如图 15-1 所示，层高 3.0m，其中板厚为 120mm，梁、板顶标高为 6.000m，柱的区间标高为（3.000m~6.000m）。

该工程在招标文件中要求，模板单列，不计入混凝土实体项目综合单价，采用复合木模板。

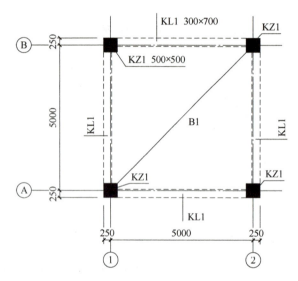

图 15-1 某工程柱梁板结构示意图

15.3 【实例 1】混凝土模板工程量清单编制实例

15.3 【拓展实例】有梁板的模板工程量清单编制

根据以上背景资料及《建设工程工程量清单计价规范》（GB 50500—2013）、《房屋建筑与装饰工程工程量计算规范》（GB 50854—2013），编制该层柱、梁、板的模板工程的分部分项工程量清单。

【分析与解答】

（1）清单工程量计算分析　根据规范规定，现浇框架结构模板分别按柱、梁、板计算。

1）矩形柱模板。柱截面尺寸为 500mm×500mm，柱高 3m。每根框架柱在柱顶有两个侧面与框架梁相连，梁的截面尺寸为 300 mm×700mm；板厚 120mm，柱顶两个侧面与板相交的宽度为 200mm。与框架梁相交一侧柱模板形状及尺寸如图 15-2 中阴影部分所示。

2）矩形梁模板。如图 15-1 所示，四根梁均为边框架梁，梁底模、侧模宽度如图 15-3 所示。梁模板长度按图 15-1 确定，算至柱侧面。

3）板模板。板底模板长度算至梁内侧面。两个方向模板长度均为（5.5-0.3×2）m=4.9m。矩形梁模板和板模板合并列项为有梁板模板。

根据规范规定,若现浇混凝土梁、板支撑高度超过3.6m时,项目特征要描述支撑高度,否则可以不描述。本工程层高3.0m,梁板模板支撑高度均在3.6m以内。

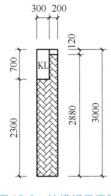

图15-2 柱模板示意图

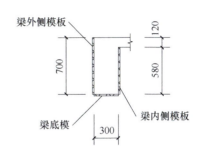

图15-3 边框架梁模板示意图

(2)编制单价措施项目清单　清单编制在表15-11已有正确列项的情况下,需按表15-5的提示,根据工程背景准确描述其项目特征。单价措施项目清单与计价见表15-12。

表15-11 清单工程量计算表(某混凝土模板工程)

序号	项目编码	项目名称	计算式	计量单位	工程量合计
1	011702002001	矩形柱	$S = 4 \times (0.5 \times 4 \times 3 - 0.3 \times 0.7 \times 2 - 0.2 \times 0.12 \times 2) m^2 = 22.13 m^2$	m^2	22.13
2	011702014001	有梁板	$S = [(5-0.5) \times (0.7 \times 2 + 0.3)] m^2 \times 4 - (4.5 \times 0.12 \times 4) m^2 + (5.5 - 2 \times 0.3) m \times (5.5 - 2 \times 0.3) m - 0.2 m \times 0.2 m \times 4 = 28.44 m^2 + 23.85 m^2 = 52.29 m^2$		52.29

表15-12 单价措施项目清单与计价表(某混凝土模板工程)

序号	项目编码	项目名称	项目特征描述	计量单位	工程量	综合单价	合价
1	011702002001	矩形柱	1. 复合木模板 2. 柱周长:2m	m^2	22.13		
2	011702014001	有梁板	1. 复合木模板 2. 支撑高度:3.6m以内		52.29		

【实例2】高层建筑物的垂直运输、超高施工增加的工程量清单编制实例

江苏地区某高层酒店建筑如图15-4所示,剪力墙结构,±0.000以上共20层。室外地坪标高为-0.450m,女儿墙高度为1.8m。由某总承包公司承包,施工组织设计中,垂直运输采用自升式塔式起重机及单笼施工电梯。

根据以上背景资料及《建设工程工程量清单计价规范》(GB 50500—2013)、《房屋建筑与装饰工程工程量计算规范》(GB 50854—2013),编制该高层建筑物的垂直运输、超高施工增加的分部分项工程量清单。

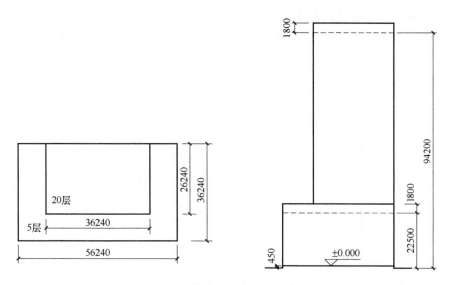

图 15-4 某高层酒店建筑示意图

【分析与解答】

(1) 列项分析　建筑物的檐口高度是指设计室外地坪至檐口滴水的高度，如图 15-4 所示，本工程主体部分的檐口高度为 94.2m，裙房部分的檐口高度为 22.5m。规范规定，同一建筑物有不同檐口时，按建筑物不同檐高做纵向分割，分别计算建筑面积，以不同檐高分别编码列项。

多层建筑物超过 6 层时，可按超高部分的建筑面积计算超高施工增加。超高部分的层数为 14 层，建筑面积为 $36.24m \times 26.24m \times 14 = 13313.13m^2$。

(2) 编制单价措施项目清单与计价表　清单编制在表 15-13 已有正确列项的情况下，需按表 15-6 和表 15-7 的提示，根据工程背景正确描述其项目特征。单价措施项目清单与计价见表 15-14。

表 15-13　清单工程量计算表（某工程垂直运输、超高施工增加）

序号	项目编码	项目名称	计算式	计量单位	工程量合计
1	011703001001	垂直运输（檐高在 94.20m 以内）	酒店建筑、剪力墙结构，查工期定额 1-377，$T=430$ 天 $36.24 \times 26.24 \times 20 = 19018.75$	m²	19018.75
2	011703001002	垂直运输（檐高在 22.50m 以内）	$(56.24 \times 36.24 - 36.24 \times 26.24) \times 5 = 5436.00$		5436.00
3	011704001001	超高施工增加	$36.24 \times 26.24 \times 14 = 13313.13$		13313.13

表 15-14　单价措施项目清单与计价表

序号	项目编码	项目名称	项目特征描述	计量单位	工程量	综合单价	合价
1	011703001001	垂直运输（檐高在94.20m以内）	1. 建筑物建筑类型及结构形式：现浇剪力墙结构 2. 建筑物檐口高度、层数：94.20m、20层	m²	19018.75		
2	011703001002	垂直运输（檐高在22.50m以内）	1. 建筑物建筑类型及结构形式：现浇剪力墙结构 2. 建筑物檐口高度、层数：22.50m、5层		5436.00		
3	011704001001	超高施工增加	1. 建筑物建筑类型及结构形式：现浇剪力墙结构 2. 建筑物檐口高度、层数：94.20m、20层		13313.13		

【学习评价】

序号	评价内容	评价标准	评价结果			
			优秀	良好	合格	不合格
1	清单列项	能正确列出项目名称				
2	清单工程量计算	能正确计算模板、垂直运输机械、超高施工增加等项目的清单工程量				
3	分部分项工程项目清单	能根据工程背景准确描述模板、垂直运输机械、超高施工增加等项目的项目特征				
		能准确编制措施项目清单				
4		能否进行下一步学习	□能	□否		

任务 16

计算建筑面积

任务 16　计算建筑面积

【任务背景】

　　建筑面积是指建筑物外墙勒脚以上各层水平投影面积的总和，包括使用面积、辅助面积和结构面积。其中，使用面积是指建筑物各层平面布置中，可直接为生产或生活使用的净面积之和，如居住生活间、工作间和生产间等的净面积；辅助面积是指建筑物各层平面布置中为辅助生产或生活所占净面积的总和，如楼梯间、电梯间等；使用面积与辅助面积的总和为"有效面积"。结构面积是指建筑物各层平面布置中的墙体、柱等结构构件所占面积的总和。

　　建筑面积可以作为：确定建设规模的重要指标；确定各项技术经济指标的基础，如每平方米造价、每平方米用工量、材料用量、机械台班用量等都以建筑面积为依据；建筑面积是检查控制施工进度和竣工任务的重要指标，如已完工面积、竣工面积、在建面积等都以建筑面积为指标来衡量；计算有关分项工程量的依据，如计算平整场地、脚手架、垂直运输机械等的工程量都以建筑面积为依据；房屋竣工以后进行出售、租赁及折旧等房产交易活动的依据。本任务主要介绍建筑面积的计算规则及其应用。

【任务目标】

1. 能正确描述建筑面积的计算规则。
2. 能正确描述不计算建筑面积的范围。
3. 培养学生的市场竞争意识以及规范严谨的职业习惯。

【任务实施】

1. **分析学习难点**

1）多层建筑物的建筑面积计算。
2）坡屋顶建筑、阳台、雨篷的建筑面积计算。
3）绿色建筑中采用外墙外保温（隔热）技术时房屋的建筑面积的计算。

2. **条件需求与准备**

1）《建筑工程建筑面积计算规范》（GB/T 50353—2013）。
2）某工程的建筑施工图。
3）其他相关的规范图集。

3. **操作时间安排**

共计 4 课时，其中任务实操 2 课时，理论学习 2 课时。

4. **任务实操训练**

根据电子资源附录一中某工程 1 号楼建筑施工图，按《建筑工程建筑面积计算规范》计算第二层的建筑面积。

（1）分析与解题过程

1）飘窗的建筑面积计算分析。

241

2）阳台的建筑面积计算分析。

3）空调外机放置空间建筑面积计算分析。

4）管道井、风道井建筑面积计算分析。

5）设备平台建筑面积计算分析。

6）外墙外保温对建筑面积的计算影响分析。

7）应用CAD软件绘制建筑面积计算范围，并应用工具命令查询建筑面积。

（2）第二层建筑面积计算汇总

【知识链接】

16.1　计算建筑面积的规定

（1）一般建筑物　建筑物的建筑面积应按自然层外墙结构外围水平面积之和计算。结构层高在2.20m及以上的，应计算全面积；结构层高在2.20m以下的，应计算1/2面积。

（2）建筑物内设局部楼层　建筑物内设有局部楼层时，对于局部楼层的二层及以上楼层，有围护结构的应按其围护结构外围水平面积计算，无围护结构的应按其结构底板水平面积计算。结构层高在2.20m及以上的，应计算全面积；结构层高在2.20m以下的，应计算1/2面积。

（3）坡屋顶　形成建筑空间的坡屋顶，结构净高在2.10m及以上的部位应计算全面积；结构净高在1.20m及以上至2.10m以下的部位应计算1/2面积；结构净高在1.20m以下的部位不应计算建筑面积。

（4）场馆看台等建筑空间　场馆看台下的建筑空间，结构净高在2.10m及以上的部位应计算全面积；结构净高在1.20m及以上至2.10m以下的部位应计算1/2面积；结构净高在 1.20m 以下的部位不应计算建筑面积。室内单独设置的有围护设施的悬挑看台，应按看台结构底板水平投影面积计算建筑面积。有顶盖无围护结构的场馆看台应按其顶盖水平投影面积的 1/2 计算建筑面积。

（5）地下室　地下室、半地下室应按其结构外围水平面积计算。结构层高在 2.20m 及以上的，应计算全面积；结构层高在 2.20m 以下的，应计算 1/2 面积。

（6）出入口处墙外侧坡道　出入口处墙外侧坡道有顶盖的部位，应按其外墙结构外围水平面积的 1/2 计算面积。

（7）架空层　建筑物架空层及坡地建筑物吊脚架空层，应按其顶板水平投影计算建筑面积。结构层高在 2.20m 及以上的，应计算全面积；结构层高在 2.20m 以下的，应计算 1/2 面积。

（8）门厅、大厅　建筑物的门厅、大厅应按一层计算建筑面积，门厅、大厅内设置的走廊应按走廊结构底板水平投影面积计算建筑面积。结构层高在 2.20m 及以上的，应计算全面积；结构层高在 2.20m 以下的，应计算 1/2 面积。

（9）架空走廊　建筑物间的架空走廊，有顶盖和围护结构的，应按其围护结构外围水平面积计算全面积；无围护结构有围护设施的，应按其结构底板水平投影面积计算 1/2 面积。

（10）书库、仓库、车库　立体书库、立体仓库、立体车库，有围护结构的，应按其围护结构外围水平面积计算建筑面积；无围护结构有围护设施的，应按其结构底板水平投影面积计算建筑面积。无结构层的应按一层计算，有结构层的应按其结构层面积分别计算。结构层高在 2.20m 及以上的，应计算全面积；结构层高在 2.20m 以下的，应计算 1/2 面积。

（11）舞台灯光控制室　有围护结构的舞台灯光控制室，应按其围护结构外围水平面积计算。结构层高在 2.20m 及以上的，应计算全面积；结构层高在 2.20m 以下的，应计算 1/2 面积。

（12）落地橱窗　附属在建筑物外墙的落地橱窗，应按其围护结构外围水平面积计算。结构层高在 2.20m 及以上的，应计算全面积；结构层高在 2.20m 以下的，应计算 1/2 面积。

（13）凸（飘）窗　窗台与室内地面高差在 0.45m 以下且结构净高在 2.10m 及以上的凸（飘）窗，应按其围护结构外围水平面积计算 1/2 面积。

（14）室外走廊（挑廊）　有围护设施的室外走廊（挑廊），应按其结构底板水平投影面积计算 1/2 面积；有围护设施（或柱）的檐廊，应按其围护设施（或柱）外围水平面积计算 1/2 面积。

（15）门斗　门斗应按其围护结构外围水平面积计算建筑面积。结构层高在 2.20m 及以上的，应计算全面积；结构层高在 2.20m 以下的，应计算 1/2 面积。

（16）门廊、雨篷　门廊应按其顶板水平投影面积的 1/2 计算建筑面积；有柱雨篷应按其结构板水平投影面积的 1/2 计算建筑面积；无柱雨篷的结构外边线至外墙结构外边线的宽度在 2.10m 及以上的，应按雨篷结构板的水平投影面积的 1/2 计算建筑面积。

（17）屋顶楼梯间、水箱间、电梯机房等　设在建筑物顶部的、有围护结构的楼梯间、水箱间、电梯机房等，结构层高在 2.20m 及以上的，应计算全面积；结构层高在 2.20m 以下的，应计算 1/2 面积。

（18）围护结构不垂直于水平面的楼层　围护结构不垂直于水平面的楼层，应按其底板面的外墙外围水平面积计算。结构净高在2.10m及以上的部位应计算全面积；结构净高在1.20m及以上至2.10m以下的部位应计算1/2面积；结构净高在1.20m以下的部位不应计算建筑面积。

（19）室内楼梯、电梯井、提物井、管道井等　建筑物的室内楼梯、电梯井、提物井、管道井、通风排气竖井、烟道，应并入建筑物的自然层计算建筑面积。有顶盖的采光井应按一层计算面积，结构净高在2.10m及以上的应计算全面积，结构净高在2.10m以下的，应计算1/2面积。

（20）室外楼梯　室外楼梯应并入所依附建筑物自然层，并应按其水平投影面积的1/2计算建筑面积。

（21）阳台　在主体结构内的阳台，应按其结构外围水平面积计算全面积；在主体结构外的阳台，应按其结构底板水平投影面积计算1/2面积。

（22）车棚、货棚、站台等　有顶盖无围护结构的车棚、货棚、站台、加油站、收费站等，应按其顶盖水平投影面积的1/2计算建筑面积。

（23）幕墙结构　以幕墙作围护结构的建筑物，应按幕墙外边线计算建筑面积。

（24）外墙外保温建筑　建筑物的外墙外保温层，应按其保温材料的水平截面面积计算，并计入自然层建筑面积。

（25）变形缝　与室内相通的变形缝，应按其自然层合并在建筑物建筑面积内计算。对于高低联跨的建筑物，当高低跨内部相通时，其变形缝应计算在低跨面积内。

（26）设备层、管道层、避难层　对于建筑物内的设备层、管道层、避难层等有结构层的楼层，结构层高在2.20m及以上的，应计算全面积；结构层高在2.20m以下的，应计算1/2面积。

（27）不应计算建筑面积的项目

1）与建筑物内不相连通的建筑部件。

2）骑楼、过街楼底层的开放公共空间和建筑物通道。

3）舞台及后台悬挂幕布和布景的天桥、挑台等。

4）露台、露天游泳池、花架、屋顶的水箱及装饰性结构构件。

5）建筑物内的操作平台、上料平台、安装箱和罐体的平台。

6）勒脚、附墙柱、垛、台阶、墙面抹灰、装饰面、镶贴块料面层、装饰性幕墙，主体结构外的空调室外机搁板（箱）、构件、配件，挑出宽度在2.10m以下的无柱雨篷和顶盖高度达到或超过两个楼层的无柱雨篷。

7）窗台与室内地面高差在0.45m以下且结构净高在2.10m以下的凸（飘）窗，窗台与室内地面高差在0.45m及以上的凸（飘）窗。

8）室外爬梯、室外专用消防钢楼梯。

9）无围护结构的观光电梯。

10）建筑物以外的地下人防通道，独立的烟囱、烟道、地沟、油（水）罐、气柜、水塔、贮油（水）池、贮仓、栈桥等构筑物。

16.2　与建筑面积计算相关的术语

（1）建筑面积　建筑物（包括墙体）所形成的楼地面面积。

（2）自然层　按楼地面结构分层的楼层。

（3）结构层高　楼面或地面结构层上表面至上部结构层上表面之间的垂直距离。

（4）围护结构　围合建筑空间的墙体、门、窗。

（5）建筑空间　以建筑界面限定的、供人们生活和活动的场所。

（6）结构净高　楼面或地面结构层上表面至上部结构层下表面之间的垂直距离。

（7）围护设施　为保障安全而设置的栏杆、栏板等围挡。

（8）地下室　室内地平面低于室外地平面的高度超过室内净高的1/2的房间。

（9）半地下室　室内地平低于室外地平的高度超过室内净高的1/3，且不超过1/2的房间。

（10）架空层　仅有结构支撑而无外围护结构的开敞空间层。

（11）走廊　建筑物中的水平交通空间。

（12）架空走廊　专门设置在建筑物的二层及二层以上，作为不同建筑物之间水平交通的空间。

（13）结构层　整体结构体系中承重的楼板层。

（14）落地橱窗　凸出外墙面且根基落地的橱窗。

（15）凸窗（飘窗）　凸出建筑物外墙面的窗户。

（16）檐廊　建筑物挑檐下的水平交通空间。

（17）挑廊　挑出建筑物外墙的水平交通空间。

（18）门斗　建筑物入口处两道门之间的空间。

（19）雨篷　建筑出入口上方为遮挡雨水而设置的部件。

（20）门廊　建筑物入口前有顶棚（即天棚）的半围合空间。

（21）阳台　附设于建筑物外墙，设有栏杆或栏板，可供人活动的室外空间。

（22）变形缝　防止建筑物在某些因素作用下引起开裂甚至破坏而预留的构造缝。

（23）骑楼　建筑底层沿街面后退且留出公共人行空间的建筑物。

（24）过街楼　跨越道路上空并与两边建筑相连接的建筑物。

（25）露台　设置在屋面、首层地面或雨篷上的供人室外活动的有围护设施的平台。

16.3　典型实例

【实例1】如图16-1所示，轴线居于墙中，墙厚240mm，求建筑物的建筑面积。

解：结构层高为3.95m，在2.20m以上，该建筑应计算全面积，因此

$$S = (15 + 0.24)\text{m} \times (5 + 0.24)\text{m} = 79.86\text{m}^2$$

【实例2】如图16-2所示，轴线居于墙中，墙厚240mm，求该建筑物的建筑面积。

解：该案例为坡屋顶结构，结构净高在2.10m及以上的部位应计算全面积；结构净高在1.20m及以上至2.10m以下的部位应计算1/2面积，因此

$$S = 5.4\text{m} \times (6.9 + 0.24)\text{m} + 2.7\text{m} \times (6.9 + 0.24)\text{m} \times 0.5 \times 2 = 57.83\text{m}^2$$

【实例3】如图16-3所示体育看台，看台下建筑空间设计加以利用，求该建筑物的建筑面积。

解：依据规范，场馆看台下的建筑空间，结构净高在2.10m及以上的部位应计算全面积；结构净高在1.20m及以上至2.10m以下的部位应计算1/2面积；结构净高在1.20m以

下的部位不应计算建筑面积。因此

$$S = 8\text{m} \times (5.3 + 1.6 \times 0.5)\text{m} = 48.8\text{m}^2$$

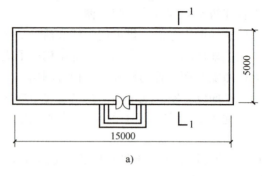

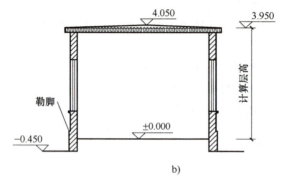

图 16-1 单层建筑物示意图
a) 平面图 b) 1—1 剖面图

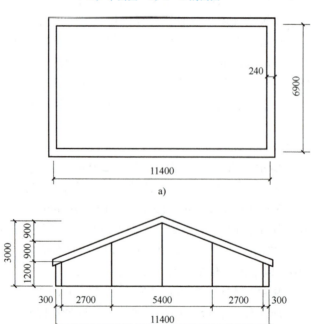

图 16-2 坡屋顶阁楼层示意图
a) 平面图 b) 坡屋顶立面图

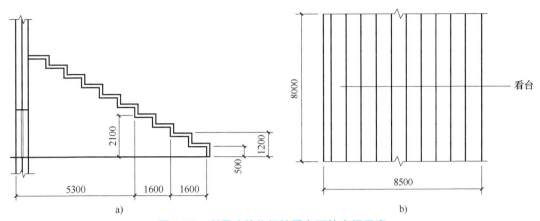

图 16-3 利用建筑物场馆看台下的空间示意
a）剖面图　b）平面图

【实例 4】如图 16-4 所示某地下室，求该建筑物的建筑面积。

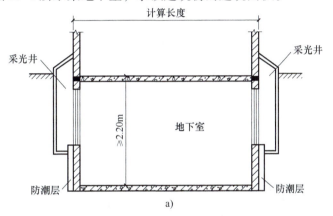

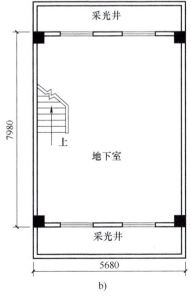

图 16-4 某地下室建筑示意图
a）剖面图　b）平面图

解：依据规范，地下室、半地下室应按其结构外围水平面积计算。结构层高在 2.20m 及以上的，应计算全面积。因此
$$S = 7.98\text{m} \times 5.68\text{m} = 45.33\text{m}^2$$

【实例 5】 如图 16-5 所示架空走廊的层高为 3.3m，轴线居于墙中，墙厚 240mm，求架空走廊的建筑面积。

解：依据规范，建筑物间的架空走廊，有顶盖和围护结构的，应按其围护结构外围水平面积计算全面积。由图 16-5b 可知，该架空走廊有围护结构和顶盖，因此
$$S = (6 - 0.24)\text{m} \times (3 + 0.24)\text{m} = 18.66\text{m}^2$$

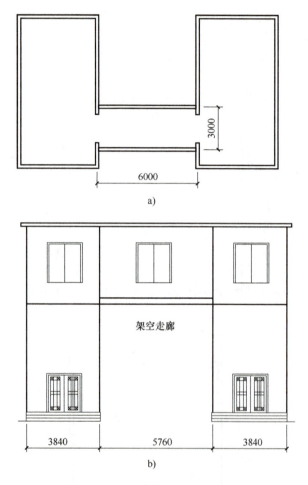

图 16-5 有架空走廊的建筑示意图
a) 平面图 b) 立面图

【实例 6】 求图 16-6 所示门斗、屋顶水箱间的建筑面积。

解：1）依据规范，门斗应按其围护结构外围水平面积计算建筑面积。结构层高在 2.20m 及以上的，应计算全面积。由图 16-6d 可知，门斗间层高为 2.8m，应计算全面积，因此

门斗面积：$S = 3.5\text{m} \times 2.5\text{m} = 8.75\text{m}^2$

2）依据规范，设在建筑物顶部的、有围护结构的楼梯间、水箱间、电梯机房等，结构层高在2.20m及以上的，应计算全面积；结构层高在2.20m以下的，应计算1/2面积。由图16-6d可知，水箱间净高为（8.0-6.0）m = 2.0m，因此，应计算1/2面积。

水箱间面积：$S = 2.5m \times 2.5m \times 0.5 = 3.13m^2$

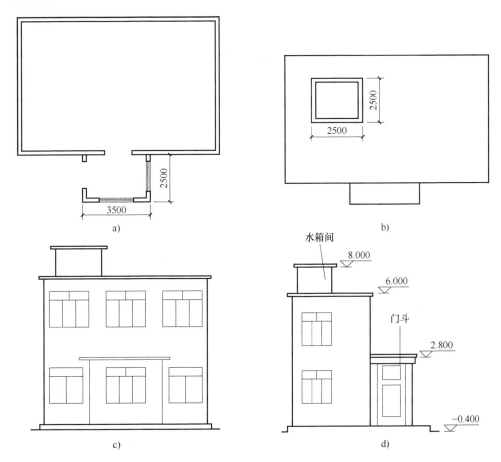

图16-6 门斗、屋顶水箱间建筑示意图
a）底层平面 b）顶层平面 c）正立面 d）侧立面

【实例7】如图16-7所示雨篷，求雨篷的建筑面积。

解：依据规范，有柱雨篷应按其结构板水平投影面积的1/2计算建筑面积，图16-7所示为有柱雨篷，因此

$$S = 2.5m \times 1.5m \times 0.5 = 1.88m^2$$

【实例8】如图16-8所示某建筑物阳台平面，墙厚240mm，求阳台的建筑面积。

解：依据规范，在主体结构内的阳台，应按其结构外围水平面积计算全面积；在主体结构外的阳台，应按其结构底板水平投影面积计算1/2面积。如图16-8所示，阳台均在主体结构外，因此

$$S = (3.5 + 0.24)m \times (2 - 0.12)m \times 0.5 \times 2 + 3.5m \times (1.8 - 0.12)m \times 0.5 \times 2 + \\ (5 + 0.24)m \times (2 - 0.12)m \times 0.5 = 17.84m^2$$

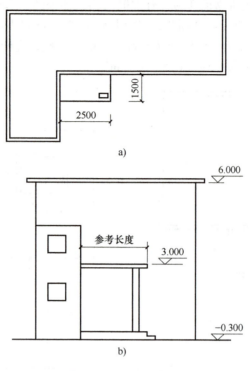

图 16-7 雨篷示意图
a）平面图　b）南立面图

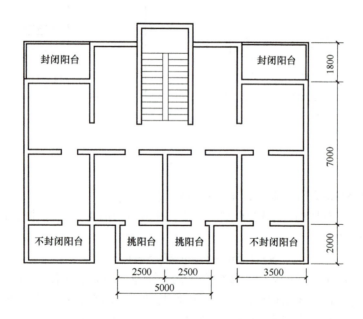

图 16-8 某建筑物阳台平面

【实例9】如图 16-9 所示建筑平面，外墙设有保温隔热层，求该建筑物外墙外保温层的建筑面积。

解：依据规范，建筑物的外墙外保温层，应按其保温材料的水平截面面积计算，并计入自然层建筑面积。因此

$$S = 3.4\text{m} \times 4\text{m} = 13.6\text{m}^2$$

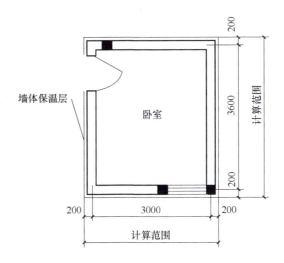

图 16-9 外墙保温隔热层示意图

【实例 10】某电梯井平面外包尺寸为 4.5m×4.5m，该建筑共 12 层，其中 11 层层高均为 3.0m，1 层为技术层，层高为 2.6m。屋顶电梯机房外包尺寸为 6.0m×8.0m，层高为 4.5m。根据以上背景资料及《建筑工程建筑面积计算规范》（GB/T 50353—2013），计算该电梯井与电梯机房总建筑面积。

解：依据规范，建筑物的室内楼梯、电梯井、提物井、管道井、通风排气竖井、烟道，应并入建筑物的自然层计算建筑面积。设在建筑物顶部的、有围护结构的楼梯间、水箱间、电梯机房等，结构层高在 2.2m 及以上的，应计算全面积；结构层高在 2.2m 以下的，应计算 1/2 面积。因此，

电梯井建筑面积 $S_1 = 4.5\text{m} \times 4.5\text{m} \times 12 = 243.0\text{m}^2$

电梯机房建筑面积 $S_2 = 6.0\text{m} \times 8.0\text{m} = 48.0\text{m}^2$

总建筑面积 $S = S_1 + S_2 = 291.0\text{m}^2$

【实例 11】如图 16-10 所示某带伸缩缝建筑的平面图，从左至右三个区段房屋的层数分别为 5 层、8 层、5 层，每一层的层高均为 3.0m。根据以上背景资料及《建筑工程建筑面积计算规范》（GB/T 50353—2013），计算该建筑物的建筑面积。

解：依据规范，与室内相通的变形缝，应按其自然层合并在建筑物建筑面积内计算。对于高低联跨的建筑物，当高低跨内部相通时，其变形缝应计算在低跨面积内。因此

$$S = 69.98\text{m} \times 12.0\text{m} \times 5 + 10.0\text{m} \times 12.0\text{m} \times 3 = 4558.8\text{m}^2$$

【实例 12】如图 16-11 所示，某多层住宅变形缝宽度为 0.2m，阳台水平投影尺寸为 1.8m×3.6m（共 18 个），雨篷水平投影尺寸为 2.6m×4.0m，坡屋顶阁楼室内净高最高点为 3.65m，坡屋面坡度为

16.3 【实例 12】建筑面积的计算

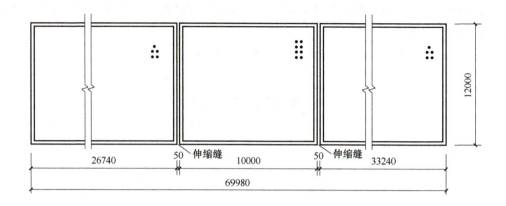

图 16-10　某带伸缩缝建筑平面示意图

1∶2；平屋面女儿墙顶面标高为 11.6m。根据以上背景资料及《建筑工程建筑面积计算规范》，计算该建筑物的建筑面积。

解：(1) 分析与解题过程

1) AA~BB 轴间的房屋共有三层，其中第三层的层高为 2.0m，按照计算规则，第三层只能计算 1/2 的面积。高低跨之间的伸缩缝宽度计入低跨计算建筑面积。

2) CC~DD 轴间的房屋共有四层，每层的层高均为 3.0m。按建筑物外围的水平投影面积计算建筑面积。

3) 坡屋顶阁楼室内净高最高点为 3.65m，坡屋面坡度为 1∶2。室内净高超过 2.1m 的部分应计算全面积。净高超过 2.1m 的坡屋面的宽度为 $2×(3.65-2.1)m×2=6.2m$。坡屋顶中净高介于 1.2m 和 2.1m 之间的部分按规定计算 1/2 的建筑面积。净高介于 1.2m 和 2.1m 之间的部分的宽度为 $2×(2.1-1.2)m×2=3.6m$。

4) 由题意知，雨篷水平投影尺寸为 2.6m×4.0m，根据计算规则，无柱雨篷，雨篷结构的外边线至外墙结构外边线的宽度超过 2.1m 者，应按雨篷结构板的水平投影面积的 1/2 计算建筑面积。如图 16-11 所示，雨篷结构的外边线至外墙结构外边线的宽度为 2.6m，因此，应按水平投影面积的 1/2 计算建筑面积。

5) 根据规则，主体结构外侧的阳台，应按其水平投影面积的 1/2 计算建筑面积。

(2) 计算过程

1) AA~BB 轴建筑面积 $S_1=30.2m×(8.4×2+8.4×1/2)m=634.2m^2$

2) CC~DD 轴建筑面积 $S_2=60.2m×12.2m×4=2937.76m^2$

3) 阁楼层建筑面积 $S_3=60.2m×(6.2+3.6×1/2)m=481.6m^2$ ［阁楼层中间净高超过 2.1m 的宽度为 $(3.65-2.1)m×2×2=6.2m$；净高在 1.2m 及以上至 2.1m 以下的宽度为 $(2.1-1.2)×2×2=3.6m$］

4) 雨篷建筑面积 $S_4=2.6m×4.0m×1/2=5.2m^2$

5) 阳台建筑面积 $S_5=18×1.8m×3.6m×1/2=58.32m^2$

总建筑面积 $S=S_1+S_2+S_3+S_4+S_5+S_6=4117.08m^2$

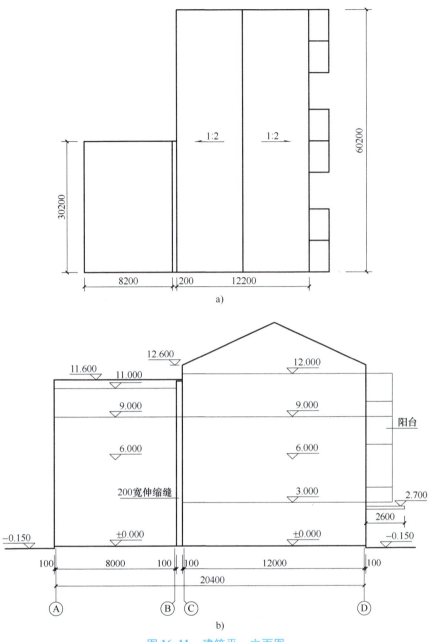

图 16-11　建筑平、立面图

a) 建筑平面图　b) 建筑立面图

【学习评价】

序号	评价内容	评价标准	评价结果			
			优秀	良好	合格	不合格
1	建筑面积的计算范围	能正确区分计算建筑面积的范围				
2	建筑面积的计算	能正确计算建筑面积				
3	能否进行下一步学习		□能　　□否			

参 考 文 献

[1] 规范编制组. 2013建设工程计价计量规范辅导［M］. 北京：中国计划出版社，2013.
[2] 中华人民共和国住房和城乡建设部. 房屋建筑与装饰工程工程量计算规范：GB 50854—2013［S］. 北京：中国计划出版社，2013.
[3] 中华人民共和国住房和城乡建设部. 建设工程工程量清单计价规范：GB 50500—2013［S］. 北京：中国计划出版社，2013.
[4] 全国造价工程师执业资格考试培训教材编审委员会. 建设工程技术与计量［M］. 北京：中国计划出版社，2021.
[5] 中华人民共和国住房和城乡建设部. 建筑工程建筑面积计算规范：GB/T 50353—2013［S］. 北京：中国计划出版社，2013.
[6] 江苏省住房和城乡建设厅. 江苏省建筑与装饰工程计价定额：上册 2014版［M］. 南京：江苏凤凰科学技术出版社，2014.
[7] 江苏省住房和城乡建设厅. 江苏省建筑与装饰工程计价定额：下册 2014版［M］. 南京：江苏凤凰科学技术出版社，2014.
[8] 肖光朋，项健，郭屹佳，等. 装配式建筑工程计量与计价［M］. 北京：机械工业出版社，2021.
[9] 肖明和，关永冰，朝国立. 建筑工程计量与计价［M］. 4版. 北京：北京大学出版社，2020.
[10] 张建平，张宇帆. 建筑工程计量与计价［M］. 2版. 北京：机械工业出版社，2018.